秒懂设计模式

刘韬 著

人民邮电出版社

北京

图书在版编目（ＣＩＰ）数据

秒懂设计模式 / 刘韬著. -- 北京 : 人民邮电出版
社, 2021.7（2024.1重印）
ISBN 978-7-115-54936-5

Ⅰ. ①秒⋯ Ⅱ. ①刘⋯ Ⅲ. ①面向对象语言－程序设
计 Ⅳ. ①TP312.8

中国版本图书馆CIP数据核字(2020)第184150号

内 容 提 要

　　本书共计 25 章，以轻松、幽默、浅显易懂的方式从面向对象编程、面向对象三大特性的理论基础开篇，接着系统且详细地讲解了单例、原型、工厂方法、抽象工厂、建造者、门面、组合、装饰器、适配器、享元、代理、桥接、模板方法、迭代器、责任链、策略、状态、备忘录、中介、命令、访问者、观察者及解释器共 23 种设计模式的概念及结构机理，最后以六大设计原则总结收尾，全面地解析归纳了软件设计准则，参透设计模式的本质。

　　本书引入了很多贴近生活的真实范例，并配有大量生动形象的插图，再结合相关例程代码实战演练，循序渐进、深入浅出，引导读者探究设计模式的哲学真谛。

　　本书面向广大的软件设计工作者，包括但不限于各个层次从事面向对象编程语言的软件研发、设计、架构等工程技术人员，也可以作为大专院校相关专业教学用书和培训学校的教材。

◆ 著　　　　　刘　韬
　　责任编辑　　武晓燕
　　责任印制　　王　郁　焦志炜

◆ 人民邮电出版社出版发行　　北京市丰台区成寿寺路 11 号
　　邮编　100164　　电子邮件　315@ptpress.com.cn
　　网址　https://www.ptpress.com.cn
　　北京天宇星印刷厂印刷

◆ 开本：800×1000　1/16
　　印张：17.75　　　　　　　2021 年 7 月第 1 版
　　字数：340 千字　　　　　2024 年 1 月北京第 6 次印刷

定价：79.90 元

读者服务热线：(010)81055410　印装质量热线：(010)81055316
反盗版热线：(010)81055315
广告经营许可证：京东市监广登字 20170147 号

前言

相信软件开发工作者都听过一句名言："不要重复造轮子。"从某种意义上讲，程序中如果出现大量重复的代码，则意味着这是一个缺乏设计的软件项目。面向对象编程语言的初学者写代码时往往是"东一榔头、西一棒槌"，想到哪里写到哪里，缺乏软件架构的全局观，最终造成系统中充斥大量的冗余代码，缺乏模块化的设计，更谈不上代码的复用性。代码量大并不能代表系统功能多么完备，更不能代表程序员多么努力与优秀，反之，作为有思想高度的开发者一定要培养"偷懒"意识，想方设法以最少的代码量实现最强的功能，这样才是优秀的设计。

设计模式主要研究的是"变"与"不变"，以及如何将它们分离、解耦、组装，将其中"不变"的部分沉淀下来，避免"重复造轮子"，而对于"变"的部分则可以用抽象化、多态化等方式，增强软件的兼容性、可扩展性。如果将编写代码比喻成建筑施工，那么设计模式就像是建筑设计。这就像乐高积木的设计理念一样，圆形点阵式的接口具有极强的兼容性，能够让任意组件自由拼装、组合，形成一个全新的物件。

有一定项目经验的开发人员都会有这样的体会，随着需求的增加与变动，软件项目版本不断升级，维护也变得越来越难，修改或添加一个很简单的功能往往要耗费大量的时间与精力，牵一发而动全身，严重时甚至会造成整个系统的崩溃。优秀的系统不单单在于其功能有多么强大，更应该将各个模块划分清楚，并且拥有一套完备的框架，像开放式平台一样兼容对各种插件的扩展，让功能变动或新增变得异常简单，一劳永逸，这离不开对各种设计模式的合理运用。

设计模式并不局限于某种特定的编程语言，它是从更加宏观的思想高度上展开的一种格局观，是一套基于前人经验总结出的软件设计指导思想，所以很多初学者觉得设计模式晦涩难懂，无从下手。本书秉承简约与现实的风格，帮助读者进行一场思想升华，将各种概念与理论化繁为简，以通俗易懂、更贴近生活的实例与源码详细解析每种模式的结构与机理。此外，文中配有大量生动形象的漫画与图表，幽默轻松的风格使原本刻板的知识鲜活起来，让读者能在轻松愉悦的学习氛围中领悟设计模式的思想真谛。

内容导读

本书共有 25 章，包含从面向对象基础概念及特性到创建型、结构型、行为型设计模式的具体分析讲解，再到软件设计原则的归纳总结，由浅入深、由表及里。

面向对象	第 1 章，介绍了面向对象的概念及其三大特性，包括封装、继承、多态
创建型设计模式	第 2～6 章，包括单例模式、原型模式、工厂方法模式、抽象工厂模式、建造者模式
结构型设计模式	第 7～13 章，包括门面模式、组合模式、装饰器模式、适配器模式、享元模式、代理模式、桥接模式
行为型设计模式	第 14～24 章，包括模板方法模式、迭代器模式、责任链模式、策略模式、状态模式、备忘录模式、中介模式、命令模式、访问者模式、观察者模式、解释器模式
设计原则	第 25 章，归纳总结软件设计中的六大原则，包括单一职责原则、开闭原则、里氏替换原则、接口隔离原则、依赖倒置原则和迪米特法则

本书作者

刘韬，笔名凸凹，现居西安，曾就读于西安电子科技大学和澳大利亚查理斯杜大学，先后在软通动力、中软国际、汇丰软件、艾默生科技资源等国内外知名企业承担软件设计及开发工作，至今已有 15 余年工作经验，主要研究方向为软件设计、数据库设计、Web 应用程序设计、UI 设计等，技术栈主要包括 Java、C#、Spring 框架、Micro Service 架构及组件、Linux、Oracle、MySQL、JavaScript、JQuery、Angular 等。

由于书中涉及知识点较多，难免有疏漏之处，欢迎广大读者批评、指正，并多提宝贵意见。作者的反馈邮箱为 liewtao@vip.qq.com，本书责任编辑联系邮箱为 wuxiaoyan@ptpress.com.cn。

服务与支持

本书由异步社区出品，社区（https://www.epubit.com/）为您提供相关资源和后续服务。

提交勘误

虽然作者和编辑尽最大努力确保书中内容的准确性，但难免会存在疏漏。欢迎您将发现的问题反馈给我们，帮助我们提升图书的质量。

当您发现错误时，请登录异步社区，按书名搜索，进入本书页面，单击"提交勘误"，输入勘误信息，单击"提交"按钮即可（见下图）。本书的作者和编辑会对您提交的勘误进行审核，确认并接受后，您将获赠异步社区的 100 积分。积分可用于在异步社区兑换优惠券、样书或奖品。

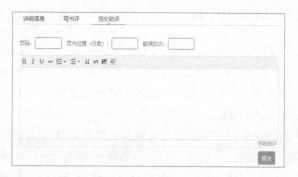

扫码关注本书

扫描下方二维码，您将会在异步社区微信服务号中看到本书信息及相关的服务提示。

与我们联系

我们的联系邮箱是 contact@epubit.com.cn。

如果您对本书有任何疑问或建议,请您发送电子邮件给我们,并请在邮件标题中注明本书书名,以便我们更高效地做出反馈。

如果您有兴趣出版图书、录制教学视频,或者参与图书翻译、技术审校等工作,可以发邮件给我们;有意出版图书的作者也可以在线提交投稿,请联系邮箱 wuxiaoyan@ptpress.com.cn。

如果您所在的学校、培训机构或企业,想批量购买本书或异步社区出版的其他图书,也可以发邮件给我们。

如果您在网上发现有针对异步社区出品图书的各种形式的盗版行为,包括对图书全部或部分内容的非授权传播,请您将怀疑有侵权行为的链接发邮件给我们。您的这一举动是对作者权益的保护,也是我们持续为您提供有价值的内容的动力之源。

关于异步社区和异步图书

"异步社区"是人民邮电出版社旗下 IT 专业图书社区,致力于出版精品 IT 图书和相关学习产品,为作译者提供优质出版服务。异步社区创办于 2015 年 8 月,提供大量精品 IT 图书和电子书,以及高品质技术文章和视频课程。更多详情请访问异步社区官网 https://www.epubit.com。

"异步图书"是由异步社区编辑团队策划出版的精品 IT 专业图书的品牌,依托于人民邮电出版社近 40 年的计算机图书出版积累和专业编辑团队,相关图书在封面上印有异步图书的 LOGO。异步图书的出版领域包括软件开发、大数据、AI、测试、前端、网络技术等。

异步社区

微信服务号

CONTENTS

目录

| 创建篇 |

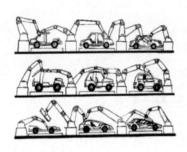

| 结构篇 |

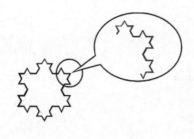

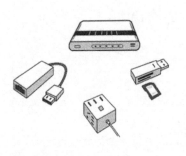

| 行为篇 |

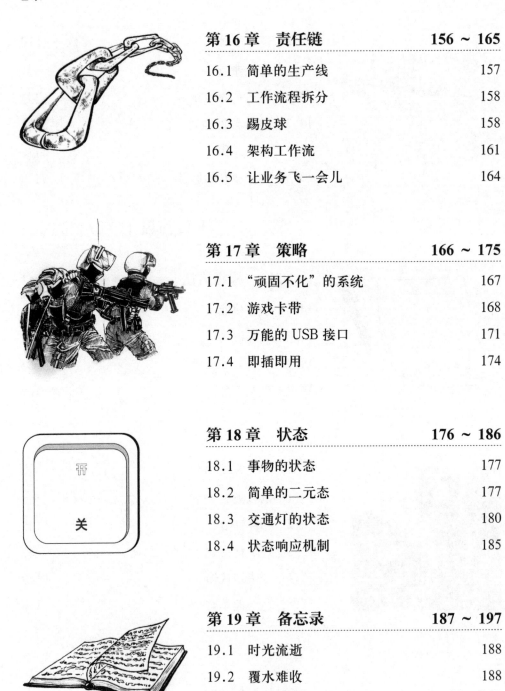

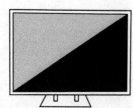

|第 1 章|　初探

在这个计算机发展日新月异的时代，软件产品不断推陈出新、让人应接不暇，软件需求更是变幻莫测，难以捉摸。作为技术人员，我们在软件开发过程中常常会遇到代码重复的问题，从而不得不对系统进行大量改动，这不但带来很多额外工作，而且会给产品带来不必要的风险。因此，良好、稳固的软件架构就显得至关重要。设计模式正是为了解决这些问题，它针对各种场景提供了适合的代码模块的复用及扩展解决方案。

设计模式最早于 1994 年由 Gang Of Four（四人小组）提出，并以面向对象语言 C++ 作为示例，如今已大量应用于 Java、C# 等面向对象语言所开发的程序中。其实设计模式和编程语言并不是密切相关的，因为编程语言只是人与计算机沟通的媒介，它们可以用自己的方式去实现某种设计模式。从某种意义上讲，设计模式并不是指某种具体的技术，而更像是一种思想，一种格局。本书将以时下流行的面向对象编程语言 Java 为例，对 23 种设计模式逐一拆解、分析。

在学习设计模式之前，我们先得搞清楚到底什么是面向对象。我们生活的现实世界里充满了各种对象，如大自然中的山川河流、花鸟鱼虫，抑或是现代文明中的高楼大厦、车水马龙，我们每天都要面对它们，与它们沟通、互动，这是对面向对象最简单的理解。为了将现实世界重现于计算机世界中，我们想了各种方法针对这些对象建立数字模型，但是理想很"丰满"，而现实很"骨感"，我们永远无法包罗万象。人们在"造物"的过程中发现，各种模型并非孤立存在的，它们之间有着千丝万缕的关联，于是便出现了面向对象所特有的编程方法。我们利用封装、继承、多态的方式去建模，从而大量减少重复代码、降低模块间耦合，像拼积木一样组装了整个"世界"。这里提到的"封装""继承"和"多态"便是面向对象的三大特性，它们是掌握设计模式不可或缺的先决条件与理论基础，我们必须要对其进行全面透彻的理解。

1.1　封装

想要理解封装，我们可以先观察一下现实世界中的事物，比如胶囊对于各类混合药物的封装；钱包对于现金、身份证及银行卡的封装；计算机主机机箱对于主板、CPU 及内存等配件的封装等。

由此可见，封装在我们生活中随处可见。我们举一个现实生活中常见的例子。如图 1-1 所示，注意餐盘中的可乐杯，其中的饮料是被装在杯子里面的，杯子的最上面封上盖子，只留有一个孔用于插吸管，这其实就是封装。封装隐藏了杯子内部的饮料，也

图 1-1　饮料的封装

许还会有冰块，而对于杯子外部来说只留有一个"接口"用于访问。这样的做法是否多此一举？又会带来什么好处呢？首先是方便、快捷，只有这样我们才能拿着饮料杯四处行走，随吸随饮，而不至于把饮料洒得到处都是，因为零散的数据缺乏集中管理，难以引用、读取。其次是封装后的可乐更加干净、卫生，可以防止外部的灰尘落入，杯子里面以关键字"private"声明的可乐会成为内部的私有化对象，因此能防止外部随意访问，避免造成数据污染。最后，对外暴露的吸管接口带来了极大便利，顾客在喝可乐时根本不需要关心杯子的内部对象和工作机制，如杯子中的冰块如何让可乐降温、杯体内部的气压如何变化、气压差又是如何导致可乐流出等实现细节对顾客完全是不可见的，留给顾客的操作其实非常简单，只需调用"吸"这个公有方法就可以喝到冰爽的可乐了。

我们再来分析一下对计算机主机的封装，它必然需要一个机箱把各种配件封装进去，如主板、CPU、内存、显卡、硬盘等。一方面，机箱起到保护作用，防止异物（如老鼠、昆虫等）进入内部而破坏电路；另一方面，机箱也不是完全封闭的，它一定对外预留有一些访问接口，如开机按钮、USB 接口等，这样用户才能够使用计算机，计算机主机的类结构如图 1-2 所示。

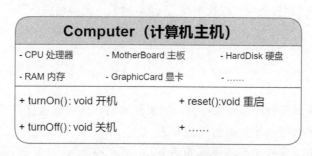

图 1-2　计算机主机的类结构

封装的概念在历史发展中也非常多见，其实它就是随着时间的推移对前人经验和技术产物的逐渐堆叠和组合的结果。举个例子，早期的枪设计得非常简陋，打一发子弹需要很长时间去准备，装填时要先把火药倒入枪管内，然后装入铅弹，最后用棍子戳实后才能发射；而下一次发射还要再重复这一过程，耗时费力。为了解决这个问题，人们开始了思考，既然弹药装填如此困难，那么不如把弹头和火药组合后封装在弹壳里。这样只要撞击弹壳底部，弹头就会被爆炸的火药崩出去，装入枪膛的子弹便可发出，如图 1-3 所示。

从弹药到子弹的发展其实就是对弹药的"封装"，因此大大提高了装弹效率。其实一次装一发子弹还是不够高效，如果再进一步，在子弹外再封装一层弹夹的话则会更显著地提升效率。我们可以定义一个数据结构"栈"来模拟这个弹夹，保证最早压入（push）的子弹最后弹出（pop），这就是栈结构"先进后出，后进先出"的特点。如此一来，子弹打完后只需更换弹夹就可以了。至此，封装的层层堆叠又上了一个层次，在机枪被发明出来之后冷兵器时代就彻底结束了。

图1-3　弹药的发展

在 Java 编程语言中，一对大括号"{}"就是类的外壳、边界，它能很好地把类的各种属性及行为包裹起来，将它们封装在类内部并固化成一个整体。封装好的类如同一个黑匣子，外部无法看到内部的构造及运转机制，而只能访问其暴露出来的属性或方法。需要注意的是，我们千万不要过度设计、过度封装，更不要东拉西扯、乱攀亲戚，比如把台灯、轮子、茶杯等物品封装在一起，或者在计算机主机里封装一个算盘。如果把一些不相干的对象硬生生封装在一起，就会使代码变得莫名其妙，难于维护与管理，所谓"物极必反，过犹不及"，所以封装一定要适度。

1.2　继承

继承是非常重要的面向对象特性，如果没有它，代码量会变得非常庞大且难以维护、修改。继承可以使父类的属性和方法延续到子类中，这样子类就不需要重复定义，并且子类可以通过重写来修改继承而来的方法实现，或者通过追加达到属性与功能扩展的目的。从某种意义上讲，如果说类是对象的模板，那么父类（或超类）则可以被看作模板的模板。

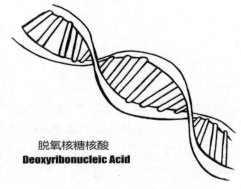

脱氧核糖核酸
Deoxyribonucleic Acid

图1-4　生物的遗传基因

生物一代一代延续是靠什么来保持父辈的特征呢？没错，答案就是遗传基因DNA，如图1-4 所示。正所谓"龙生龙凤生凤，老鼠的儿子会打洞"，如果没有这个遗传机制，代码量就会急剧增大，很多功能、资源都会出现重复定义的情况，这样就会造成极大的冗余和资源的浪费，所以受自然界的启发，面向对象就有了继承机制。

举个例子，儿子从父亲那里继承了一些东西，就不需要通过别的方式获得了，如继承家产。再举个例子，我们知道，狗是人类忠实的朋友，它们在一万多年的进化过程中不断繁衍，再加上人类的培育，衍生出许多品种，如图 1-5 所示。

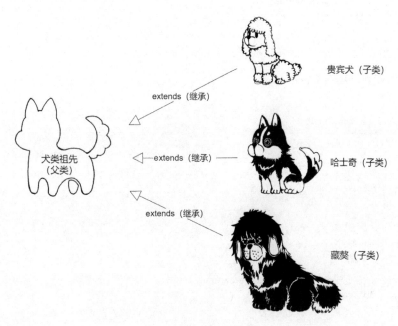

图1-5 犬类的继承

基于图 1-5 所示的继承关系，我们思考一下如何用代码来建模，倘若为每个犬类品种都定义一个类并封装各自的属性和方法，这显然不行，因为类一多势必会造成代码泛滥。其实，不管是什么犬类品种，它们都有某些共同的特征与行为，如吠叫行为等，所以我们需要把犬类共有的基因抽离出来，并封装到一个犬类祖先中以供后代继承，请参看代码清单 1-1。

代码清单 1-1 犬类的祖先 Dog

```
1.  public class Dog {
2.    protected String breeds;//品种
3.    protected boolean sex;//性别
4.    protected String color;//毛色
5.    protected int age;//年龄
6.
7.    public Dog(String breeds) {
8.      this.age = 0; //初始化为0岁
9.      this.breeds = breeds; //初始化犬类品种
10.   }
11.
12.   public void bark(){//吠叫
```

```
13.       System.out.println("汪汪汪");
14.     }
15.
16.     public String getBreeds() {
17.       return breeds;
18.     }
19.
20.     /*假设自出生后就不可以变种了，那么此处不应暴露setBreeds方法
21.     public void setBreeds(String breeds) {
22.       this.breeds = breeds;
23.     }
24.     */
25.     public boolean isSex() {
26.       return sex;
27.     }
28.
29.     public void setSex(boolean sex) {
30.       this.sex = sex;
31.     }
32.
33.     public String getColor() {
34.       return color;
35.     }
36.
37.     public void setColor(String color) {
38.       this.color = color;
39.     }
40.
41.     public int getAge() {
42.       return age;
43.     }
44.
45.     public void setAge(int age) {
46.       this.age = age;
47.     }
48.   }
```

如代码清单 1-1 所示，我们为犬类定义了品种、性别、毛色、年龄这 4 个属性，并且带有相应的 setter 方法和 getter 方法。第 12 行的吠叫方法是犬类的共有行为，理所当然能被子类继承。需要注意的是，倘若我们把犬类属性的访问权限由 "protected" 改为 "private"，就意味着子类不能再直接访问这些属性了，但这并无大碍，最终子类依旧可以通过继承而来的并且声明为 "public" 的 getter 方法和 setter 方法去间接访问它们。好了，接下来我们用子类哈士奇类来说明如何继承，请参看代码清单 1-2。

代码清单 1-2　哈士奇类 Husky

```
1.   public class Husky extends Dog {
2.
3.     public Husky() {
4.       super("哈士奇");
```

```
5.    }
6.
7.    public void sleighRide() {//拉雪橇
8.      System.out.println("拉雪橇");
9.    }
10.
11. }
```

如代码清单 1-2 所示，为了延续父类的基因，哈士奇类在第一行的类定义后用 "extends" 关键字声明了对父类 Dog 的继承。第 4 行以 "super" 关键字调用了父类的构造方法，并初始化了狗的品种 breeds 为 "哈士奇"，当然年龄一并会被父类初始化为 0 岁。我们可以看到哈士奇类的代码已经变得特别简单了，既没有定义任何 getter 方法或 setter 方法，又没有定义吠叫方法，而当我们调用这些方法时却能神奇般地得到结果，这是因为它继承了父类的方法，不需要我们重新定义。只是能够单单地继承父类是不够的，哈士奇类还应该有自己的特色，这就要增加其自己的属性、方法，在代码第 7 行中我们增加了哈士奇类所特有的 "拉雪橇" 行为，这是父类所不具有的。除此之外，哈士奇吠叫起来比较特殊，这可能是基因突变或者是返祖现象所致，这时我们甚至可以重写吠叫方法以让它发出狼的叫声。其他子类的继承也可以各尽其能，比如贵宾犬可以作揖，藏獒可以看家护院等，读者可以自己发挥。总之，继承的目的并不只是全盘照搬，而是可以基于父类的基因灵活扩展。

> **扩展阅读**
>
> 我们知道任何类都有一个 toString() 方法，但我们根本没有声明它，这是为什么呢？其实这是从 Object 类继承的方法，因为 Object 是一切类的祖先类。

1.3 多态

众所周知，在我们创建对象的时候通常会再定义一个引用指向它，以便后续进行对象操作，而这个引用的类型则决定着其能够指向哪些对象，用犬类定义的引用绝不能指向猫类对象，所以对于父类定义的引用只能指向本类或者其子类实例化而来的对象，这就是一种多态。除此之外，还有其他形式的多态，例如抽象类引用指向子类对象，接口引用指向实现类的对象，其本质上都别无二致。

我们继续以 1.2 节中的犬类继承为例。如果以犬类 Dog 作为父类，那么哈士奇、贵宾犬、藏獒、吉娃娃等都可以作为其子类。如果我们定义犬类引用 dog，那么它就可以指向犬类的对象，或者其任意子类的对象，也就是 "哈士奇是犬类，藏獒是犬类……"。下面我们用代码来表示，请参看代码清单 1-3。

代码清单 1-3   犬类多态构造示例

```
1.  Dog dog; //定义父类引用
2.  dog = new Dog();//父类引用指向父类对象（狗是犬类）
3.  dog = new Husky()//父类引用指向子类对象（哈士奇是犬类）
4.
5.  Husky husky = new Dog();//错误：子类引用指向父类对象（犬类是哈士奇）
```

如代码清单 1-3 所示，前 3 行没有任何问题，犬类引用可以指向犬类的对象，也可以指向哈士奇类的对象，这让 dog 引用变得更加灵活、多变，可以引用任何本类或子类的对象。然而第 5 行代码则会出错，因为让哈士奇类的引用指向犬类 Dog 的对象就行不通了，这就好像说"犬类就是哈士奇"一样，逻辑不通。

再进一步讲，多态其实是利用了继承（或接口实现）这个特性体现出来的另一番景象。我们以食物举例，中华美食博大精深，菜品众多且色香味俱全，这都离不开各种各样的食材，如图 1-6 所示。

图 1-6   有机食物的多态性

虽然食材形态各异，但是万变不离其宗，它们都是自然界生长出来的有机生物。而作为人类，我们可以食用哪些食物呢？显而易见，人类只可以食用有机食物，对于金属、塑料等是不能消化的。所以正如图 1-7 所展示的那样，人类所能接受的食物对象可以是番茄、苹果、牛肉等有机食物的多形态表现，而不能是金属类物质。

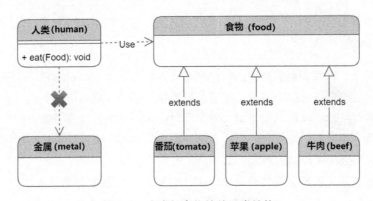

图 1-7   人类与食物的关系类结构

也许有人会提出疑问，全部用 Object 类作为引用不是更加灵活，多态性更加丰富吗？其实，任何事物都有两面性，一方面带来了灵活性，而另一方面造成了破坏性。

1.4　计算机与外设

　　为了更透彻地理解面向对象的特性，以及设计模式如何巧妙利用面向对象的特性来组织各种模块协同工作，我们就以计算机这个既形象又贴切的例子来切入实战部分。如图 1-8 所示，相信很多年轻的读者都没有见过这种早期的个人计算机，它的键盘、主机和显示器等都是集成为一体的。

　　越是老式的计算机，其集成度越高，甚至把所有配件都一体化，配件之间的耦合度极高，难以拆分。这种过度封装的计算机为什么会退出历史舞台呢？试想，某天显示器坏了，我们只能把整个机器拆开更换显示器。如果显示器是焊接在主板上的，情况就更糟糕了。缺少接口的设计造成了极高的耦合度，而更糟的是，如果这种显示器已经停产了，那么结果只能是整机换新。

　　为解决这个问题，设计人员提出了模块化的概念，各种外设如雨后春笋般涌现，如鼠标、键盘、摄像头、打印机、外接硬盘……但这时又出现一个问题，如果每种设备都有一种接口，那么计算机主机上得有多少种接口？这些接口包括串口、并口、PS2 接口……接口泛滥将是一场灾难，采用标准化的接口势在必行，于是便有了现在的 USB 接口。USB 提供了一种接口标准：电压 5V，双工数据传输，最重要的是其物理形态上的统一规范，只要是 USB 标准，设备就可以进行接驳，最终计算机发展成为图 1-9 所示的样子。

图1-8　老式计算机　　　　　　　　　图1-9　现代计算机

　　我们每天都在接触计算机，对于这种设计可能从未思考过。为了便于理解，我们让计算机和各种外设鲜活起来，下面是它们之间展开的一场精彩对话，其中的角色包括一台计算机，一个 USB 接口，还有几个 USB 设备，故事就这样开始了。

计算机："我宣布，从现在开始 USB 接口晋升为我的秘书，我只接收它传递过来的数据，谁要找我沟通必须通过它。"

USB 接口："我不关心要接驳我的设备是什么，但我规定你必须实现我定义的 readData() 这个方法，但具体怎样实现我不管，总之我会调用你的这个方法把数据读取过来。"

USB 键盘："我有 readData(data Data) 这个方法，我已经实现好了，传过去的是用户输入的字符。"

USB 鼠标："我也一样，但传过去的是鼠标移动或点击数据。"

USB 摄像头："没错，我也实现了这个方法，只是我的数据是视频流相关的。"

USB 接口："不管你们是什么类型的数据，只要传过来转换成 Data 就行了，我接收你们的接驳请求，除了 PS2 鼠标。"

PS2 鼠标："@ 计算机，老大，这怎么办？你找来的这个 USB 接口太霸道了，我们根本无法沟通，你们不能尊重一下老人吗？"

计算机："你自己想办法，要顺应时代潮流，与时俱进。"

PS2 鼠标：……

通过这场对话，我们对计算机和外设以及它们之间的关系有了更深刻的认识。计算机中装了一个 USB 接口，这就是"封装"，而键盘、鼠标及摄像头都是 USB 接口的实现类，从广义上理解这就是一种"继承"，所以计算机的 USB 接口就能接驳各种各样的 USB 设备，这就是"多态"。我们来看它们的类结构，如图 1-10 所示。

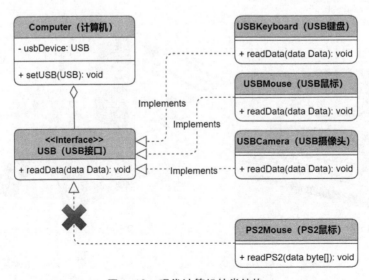

图 1-10 现代计算机的类结构

　　通过对计算机接口的抽象化、标准化，我们对各个模块重新分类、规划，并合理封装，最终实现计算机与外设的彻底解耦。多态化的外设使计算机功能更加强大、灵活、可扩展、可替换。其实这就是设计模式中非常重要的一种"策略模式"，接口的定义是解决耦合问题的关键所在。但对于一些老旧的接口设备模块，我们暂时还无法使用，正如同上面故事里那个可怜的 PS2 鼠标。

　　我们都知道有一种设备叫转换器，它能轻松地将老旧的接口设备调制适配到新的接口，以达到兼容的目的，这就是"适配器模式"。这些设计模式后续都会被讲到，我们会由浅入深、一步一个脚印地逐个解析。读者一定要边学边思考，理论一定要与实践结合才能举一反三、融会贯通，如此才能合理有效地利用设计模式设计出更加优雅、健壮、灵活的应用程序。

|创建篇|

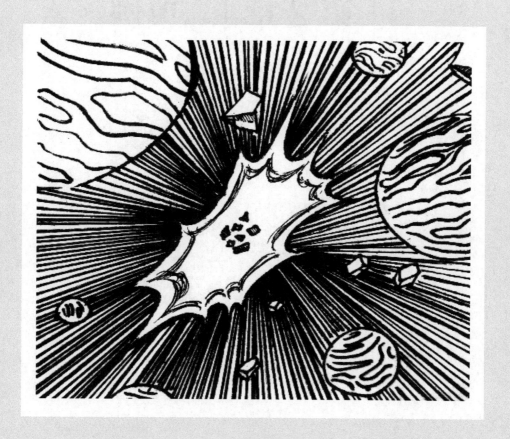

| 第 2 章 | 单例

单例模式（Singleton）是一种非常简单且容易理解的设计模式。顾名思义，单例即单一的实例，确切地讲就是指在某个系统中只存在一个实例，同时提供集中、统一的访问接口，以使系统行为保持协调一致。singleton 一词在逻辑学中指"有且仅有一个元素的集合"，这非常恰当地概括了单例的概念，也就是"一个类仅有一个实例"。

2.1　孤独的太阳

盘古开天，造日月星辰。从"夸父逐日"到"后羿射日"，太阳对于我们的先祖一直具有着神秘的色彩与非凡的意义。随着科学的不断发展，我们逐渐揭开了太阳系的神秘面纱。我们可以把太阳系看作一个庞大的系统，其中有各种各样的对象存在，丰富多彩的实例造就了系统的美好。这个系统里的某些实例是唯一的，如我们赖以生存的恒星太阳，如图 2-1 所示。

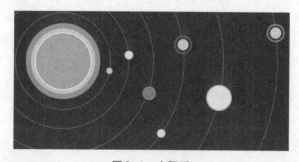

图 2-1　太阳系

与其他行星或卫星不同的是，太阳是太阳系内唯一的恒星实例，它持续提供给地球充足的阳光与能量，离开它地球就不会有今天的勃勃生机，但倘若天上有 9 个太阳，那么将会带来一场灾难。太阳东升西落，循环往复，不多不少仅此一例。

2.2　饿汉造日

既然太阳系里只有一个太阳，我们就需要严格把控太阳实例化的过程。我们从最简单的开始，先来写一个 Sun 类。请参看代码清单 2-1。

代码清单 2-1　太阳类 Sun

```
1.  public class Sun {
```

```
2.
3. }
```

如代码清单 2-1 所示，太阳类 Sun 中目前什么都没有。接下来我们得确保任何人都不能创建太阳的实例，否则一旦程序员调用代码"new Sun()"，天空就会出现多个太阳，便又需要"后羿"去解决了。有些读者可能会疑惑，我们并没有写构造器，为什么太阳还可以被实例化呢？这是因为 Java 可以自动为其加上一个无参构造器。为防止太阳实例泛滥将世界再次带入灾难，我们必须禁止外部调用构造器，请参看代码清单 2-2。

代码清单 2-2　太阳类 Sun

```
1. public class Sun {
2.
3.     private Sun(){//构造方法私有化
4.
5.     }
6.
7. }
```

如代码清单 2-2 所示，我们在第 3 行将太阳类 Sun 的构造方法设为 private，使其私有化，如此一来太阳类就被完全封闭了起来，实例化工作完全归属于内部事务，任何外部类都无权干预。既然如此，那么我们就让它自己创建自己，并使其自有永有，请参看代码清单 2-3。

代码清单 2-3　太阳类 Sun

```
1. public class Sun {
2.
3.     private static final Sun sun = new Sun();//自有永有的单例
4.
5.     private Sun(){//构造方法私有化
6.
7.     }
8.
9. }
```

如代码清单 2-3 所示，代码第 3 行中"private"关键字确保太阳实例的私有性、不可见性和不可访问性；而"static"关键字确保太阳的静态性，将太阳放入内存里的静态区，在类加载的时候就初始化了，它与类同在，也就是说它是与类同时期且早于内存堆中的对象实例化的，该实例在内存中永生，内存垃圾收集器（Garbage Collector，GC）也不会对其进行回收；"final"关键字则确保这个太阳是常量、恒量，它是一颗终极的恒星，引用一旦被赋值就不能再修改；最后，"new"关键字初始化太阳类的静态实例，并赋予静态常量 sun。这就是"饿汉模式"（eager initialization），即在初始阶段就主动进行实例化，并时刻保持一种渴求的状态，无论此单例是否有人使用。

单例的太阳对象写好了，可一切皆是私有的，外部怎样才能访问它呢？正如同程序入口的静态方法 main()，它不需要任何对象引用就能被访问，我们同样需要一个静态方法 getInstance() 来获取太阳的单例对象，同时将其设置为"public"以暴露给外部使用，请参看代码清单 2-4。

代码清单 2-4　太阳类 Sun

```
1.  public class Sun {
2.
3.      private static final Sun sun = new Sun();//自有永有的太阳单例
4.
5.      private Sun(){//构造方法私有化
6.
7.      }
8.
9.      public static Sun getInstance(){//阳光普照，方法公开化
10.         return sun;
11.     }
12.
13. }
```

如代码清单 2-4 所示，太阳单例类的雏形已经完成了，对外部来说只要调用 Sun.getInstance() 就可以得到太阳对象了，并且不管谁得到，或是得到几次，得到的都是同一个太阳实例，这样就确保了整个太阳系中恒星太阳的唯一合法性，他人无法伪造。当然，读者还可以添加其他功能方法，如发光和发热等，此处就不再赘述了。

2.3　懒汉的队伍

至此，我们已经学会了单例模式的"饿汉模式"，让太阳一开始就准备就绪，随时供应免费日光。然而，如果始终没人获取日光，那岂不是白造了太阳，一块内存区域被白白地浪费了？这正类似于商家货品滞销的情况，货架上堆放着商品却没人买，白白浪费空间。因此，商家为了降低风险，规定有些商品必须提前预订，这就是"懒汉模式"（lazy initialization）。沿着这个思路，我们继续对太阳类进行改造，请参看代码清单 2-5。

代码清单 2-5　太阳类 Sun

```
1.  public class Sun {
2.
3.      private static Sun sun;//这里不进行实例化
4.
5.      private Sun(){//构造方法私有化
6.
7.      }
8.
9.      public static Sun getInstance() {
10.         if (sun == null) {//如果无日才造日
```

```
11.            sun = new Sun();
12.        }
13.        return sun;
14.    }
15.
16. }
```

如代码清单 2-5 所示，可以看到我们一开始并没有造太阳，所以去掉了关键字 final，只有在某线程第一次调用第 9 行的 getInstance() 方法时才会运行对太阳进行实例化的逻辑代码，之后再请求就直接返回此实例了。这样的好处是如无请求就不实例化，节省了内存空间；而坏处是第一次请求的时候速度较之前的饿汉初始化模式慢，因为要消耗 CPU 资源去临时造这个太阳（即使速度快到可以忽略不计）。

这样的程序逻辑看似没问题，但其实在多线程模式下是有缺陷的。试想如果是并发请求的话，程序第 10 行的判空逻辑就会同时成立，这样就会多次实例化太阳，并且对 sun 进行多次赋值（覆盖）操作，这违背了单例的理念。我们再来改良一下，把请求方法加上 synchronized（同步锁）让其同步，如此一来，某线程调用前必须获取同步锁，调用完后会释放锁给其他线程用，也就是给请求排队，一个接一个按顺序来，请参看代码清单 2-6。

代码清单 2-6　太阳类 Sun

```
1.  public class Sun {
2.
3.      private static Sun sun;//这里不进行实例化
4.
5.      private Sun(){//构造方法私有化
6.
7.      }
8.
9.      public static synchronized Sun getInstance() {//此处加入同步锁
10.         if (sun == null) {//如果无日才造日
11.             sun = new Sun();
12.         }
13.         return sun;
14.     }
15.
16. }
```

如代码清单 2-6 所示，我们将太阳类 Sun 中第 9 行的 getInstance() 改成了同步方法，如此可避免多线程陷阱。然而这样的做法是要付出一定代价的，试想，线程还没进入方法内部便不管三七二十一直接加锁排队，会造成线程阻塞，资源与时间被白白浪费。我们只是为了实例化一个单例对象而已，犯不上如此兴师动众，使用 synchronized 让所有请求排队等候。所以，要保证多线程并发下逻辑的正确性，同步锁一定要加得恰到好处，其位置是关键所在，请参看代码清单 2-7。

代码清单 2-7　太阳类 Sun

```
1.   public class Sun {
2.
3.       private volatile static Sun sun;
4.
5.       private Sun(){//构造方法私有化
6.
7.       }
8.
9.       public static Sun getInstance() {//华山入口
10.          if (sun == null) {//观日台入口
11.              synchronized(Sun.class){//观日者进行排队
12.                  if (sun == null) {
13.                      sun = new Sun();//只有排头兵造了太阳，旭日东升
14.                  }
15.              }
16.          }
17.          return sun; //……阳光普照，其余人不必再造日
18.      }
19. }
```

　　如代码清单 2-7 所示，我们在太阳类 Sun 中第 3 行对 sun 变量的定义不再使用 final 关键字，这意味着它不再是常量，而是需要后续赋值的变量；而关键字 volatile 对静态变量的修饰则能保证变量值在各线程访问时的同步性、唯一性。需要特别注意的是，对于第 9 行的 getInstance() 方法，我们去掉了方法上的关键字 synchronized，使大家都可以同时进入方法并对其进行开发。请仔细阅读每行代码的注释，有些人（线程）起早就是为了观看日出，那么这些人会通过第 10 行的判空逻辑进入观日台。而在第 11 行我们又加上了同步块以防止多个线程进入，这就类似于观日台是一个狭长的走廊，大家排队进入。随后在第 12 行我们又进行一次判空逻辑，这就意味着只有队伍中的第一个人造了太阳，有幸看到了日出的第一缕阳光，而后面的人则统统离开，直到第 17 行得到已经造好的太阳，如图 2-2 所示。

图2-2　观日台

随后发生的事情我们就可以预见了，太阳高高升起，实例化操作完毕，起晚的人们都无须再进入观日台，直接获取太阳实例就可以了，阳光普照大地，将温暖洒向人间。

大家注意到没有，我们一共用了 2 个嵌套的判空逻辑，这就是懒加载模式的"双检锁"：外层放宽入口，保证线程并发的高效性；内层加锁同步，保证实例化的单次运行。如此里应外合，不仅达到了单例模式的效果，还完美地保证了构建过程的运行效率，一举两得。

2.4   大道至简

相比"懒汉模式"，其实在大多数情况下我们通常会更多地使用"饿汉模式"，原因在于这个单例迟早是要被实例化占用内存的，延迟懒加载的意义并不大，加锁解锁反而是一种资源浪费，同步更是会降低 CPU 的利用率，使用不当的话反而会带来不必要的风险。越简单的包容性越强，而越复杂的反而越容易出错。我们来看单例模式的类结构，如图 2-3 所示。单例模式的角色定义如下。

■ Singleton（单例）：包含一个自己的类实例的属性，并把构造方法用 private 关键字隐藏起来，对外只提供 getInstance() 方法以获得这个单例对象。

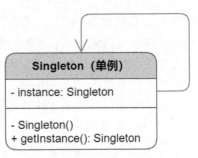

图 2-3   单例模式的类结构

除了"饿汉"与"懒汉"这 2 种单例模式，其实还有其他的实现方式。但万变不离其宗，它们统统都是由这 2 种模式发展、衍生而来的。我们都知道 Spring 框架中的 IoC 容器很好地帮我们托管了业务对象，如此我们就不必再亲自动手去实例化这些对象了，而在默认情况下我们使用的正是框架提供的"单例模式"。诚然，究其代码实现当然不止如此简单，但我们应该追本溯源，抓住其本质的部分，理解其核心的设计思想，再针对不同的应用场景做出相应的调整与变动，结合实践举一反三。

|第 3 章| 原型

原型模式（Prototype），在制造业中通常是指大批量生产开始之前研发出的概念模型，并基于各种参数指标对其进行检验，如果达到了质量要求，即可参照这个原型进行批量生产。原型模式达到以原型实例创建副本实例的目的即可，并不需要知道其原始类，也就是说，原型模式可以用对象创建对象，而不是用类创建对象，以此达到效率的提升。

3.1 原件与副本

在讲原型模式之前，我们先得搞清楚什么是类的实例化。相信大家一定见过活字印章，如图 3-1 所示，当我们调整好需要的日期（初始化参数），再轻轻一盖（调用构造方法），一个实例化后的日期便跃然纸上了，这个过程正类似于类的实例化。

其实构造一个对象的过程是耗时耗力的。想必大家一定有过打印和复印的经历，为了节省成本，我们通常会用打印机把电子文档打印到 A4 纸上（原型实例化过程），再用复印机把这份纸质文稿复制多份（原型拷贝过程），这样既实惠又高效。那么，对于第一份打印出来的

图 3-1 印章实例化的过程

原文稿，我们可以称之为"原型文件"，而对于复印过程，我们则可以称之为"原型拷贝"，如图 3-2 所示。

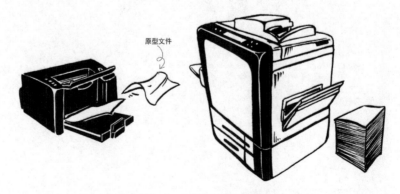

图 3-2 对原文件的复印

3.2　卡顿的游戏

　　想必大家已经明白了类的实例化与克隆之间的区别，二者都是在造对象，但方法绝对是不同的。原型模式的目的是从原型实例克隆出新的实例，对于那些有非常复杂的初始化过程的对象或者是需要耗费大量资源的情况，原型模式是更好的选择。理论还需与实践结合，下面开始实战部分，假设我们准备设计一个空战游戏的程序，如图 3-3 所示。

图 3-3　空战游戏

　　我们这里为了保持简单，设定游戏为单打，也就是说主角飞机只有一架，而敌机则有很多架，而且可以在屏幕上垂直向下移动来撞击主角飞机。具体是如何实现的呢？其实非常简单，就是程序不停改变其坐标并在画面上重绘而已。由浅入深，我们先试着写一个敌机类，请参看代码清单 3-1。

> **小提示**
>
> 　　空战游戏中的主角如果是单个实例的话，其实就用到单例模式了。读者可以复习一下第 2 章的内容，并亲自实战练习一下。本章只关注可以有多个实例的敌机。

代码清单 3-1　敌机类 EnemyPlane

```
1.  public class EnemyPlane {
2.
3.      private int x;//敌机横坐标
4.      private int y = 0;//敌机纵坐标
5.
6.      public EnemyPlane(int x) {//构造器
7.          this.x = x;
```

```
8.      }
9.
10.     public int getX() {
11.         return x;
12.     }
13.
14.     public int getY() {
15.         return y;
16.     }
17.
18.     public void fly(){//让敌机飞
19.         y++;//每调用一次，敌机飞行时纵坐标+1
20.     }
21.
22. }
```

如代码清单 3-1 所示，敌机类 EnemyPlane 在第 6 行的敌机构造器方法中对飞机的横坐标 x 进行了初始化，而纵坐标则固定为 0，这是由于敌机一开始是从顶部飞出的。所以其纵坐标 y 必然为 0（屏幕左上角坐标为 [0, 0]）。继续往下看，敌机类只提供了 getter 方法而没有提供 setter 方法，也就是说我们只能在初始化时确定好敌机的横坐标 x，之后则不允许再更改坐标了。当游戏运行时，我们只要连续调用第 18 行的飞行方法 fly()，便可以让飞机像雨点一样不断下落。在开始绘制敌机动画之前，我们首先得实例化 500 架敌机，请参看代码清单 3-2。

代码清单 3-2   客户端类 Client

```
1.  public class Client {
2.
3.      public static void main(String[] args) {
4.          List<EnemyPlane> enemyPlanes = new ArrayList<EnemyPlane>();
5.
6.          for (int i = 0; i < 500; i++) {
7.              //此处于随机纵坐标处出现敌机
8.              EnemyPlane ep = new EnemyPlane(new Random().nextInt(200));
9.              enemyPlanes.add(ep);
10.         }
11.
12.     }
13.
14. }
```

如代码清单 3-2 所示，我们在第 6 行使用了循环的方式来批量生产敌机，并使用了 "new" 关键字来实例化敌机，循环结束后 500 架敌机便统统被加入第 4 行定义的飞机列表 enemyPlanes 中。这种做法看似没有任何问题，然而效率却是非常低的。我们知道在游戏画面上根本没必要同时出现这么多敌机，而在游戏还未开始之前，也就是游戏的加载阶段我们就实例化了这一关卡的所有 500 架敌机，这不但使加载速度变慢，而且是对有限内存资源的一种浪费。那么到底什么时候去构造敌机？答案当然是懒加载了，也就是按照地图坐标，屏幕滚动到某一点时才实时构造敌机，这样一来问题就解决了。

　　然而遗憾的是，懒加载依然会有性能问题，主要原因在于我们使用的"new"关键字进行的基于类的实例化过程，因为每架敌机都进行全新构造的做法是不合适的，其代价是耗费更多的 CPU 资源，尤其在一些大型游戏中，很多个线程在不停地运转着，CPU 资源本身就非常宝贵，此时若进行大量的类构造与复杂的初始化工作，必然会造成游戏卡顿，甚至有可能会造成系统无响应，使游戏体验大打折扣，如图 3-4 所示。

图3-4　系统无响应

3.3　细胞分裂

　　硬件永远离不开优秀的软件，我们绝不允许以糟糕的软件设计对硬件发起挑战，因而代码优化势在必行。我们思考一下之前的设计，既然循环第一次后已经实例化好了一个敌机原型，那么之后又何必去重复这个构造过程呢？敌机对象能否像细胞分裂一样自我复制呢？要解决这些问题，原型模式是最好的解决方案了，下面我们对敌机类进行重构并让其支持原型拷贝，请参看代码清单 3-3。

代码清单 3-3　可被克隆的敌机类 EnemyPlane

```
1.  public class EnemyPlane implements Cloneable{
2.
3.      private int x;//敌机横坐标
4.      private int y = 0;//敌机纵坐标
5.
6.      public EnemyPlane(int x) {//构造器
7.          this.x = x;
```

```
8.      }
9.
10.     public int getX() {
11.         return x;
12.     }
13.
14.     public int getY() {
15.         return y;
16.     }
17.
18.     public void fly(){//让敌机飞
19.         y++;//每调用一次，敌机飞行时纵坐标＋1
20.     }
21.
22.     //此处开放setX，是为了让克隆后的实例重新修改横坐标
23.     public void setX(int x) {
24.         this.x = x;
25.     }
26.
27.     //重写克隆方法
28.     @Override
29.     public EnemyPlane clone() throws CloneNotSupportedException {
30.         return (EnemyPlane)super.clone();
31.     }
32.
33. }
```

如代码清单 3-3 所示，我们让敌机类 EnemyPlane 实现了 java.lang 包中的克隆接口 Cloneable，并在第 29 行的实现方法中调用了父类 Object 的克隆方法，如此一来外部就能够对本类的实例进行克隆操作了，省去了由类而生的再造过程。还需要注意的是，我们在第 23 行处加入了设置横坐标方法 setX()，使被实例化后的敌机对象依然可以支持坐标位置的变更，这是为了保证克隆飞机的坐标位置个性化。

3.4 克隆工厂

至此，克隆模式其实已经实现了，我们只需简单调用克隆方法便能更高效地得到一个全新的实例副本。为了更方便地生产飞机，我们决定定义一个敌机克隆工厂类，请参看代码清单 3-4。

代码清单 3-4 敌机克隆工厂类 EnemyPlaneFactory

```
1.  public class EnemyPlaneFactory {
2.
3.      //此处用单例饿汉模式造一个敌机原型
4.      private static EnemyPlane protoType = new EnemyPlane(200);
5.
```

```
6.        //获取敌机克隆实例
7.        public static EnemyPlane getInstance(int x){
8.            EnemyPlane clone = protoType.clone();//复制原型机
9.            clone.setX(x);//重新设置克隆机的x坐标
10.           return clone;
11.       }
12.
13. }
```

如代码清单 3-4 所示，我们在敌机克隆工厂类 **EnemyPlaneFactory** 中第 4 行使用了一个静态的敌机对象作为原型，并于第 7 行提供了一个获取敌机实例的方法 **getInstance()**，其中简单地调用克隆方法得到一个新的克隆对象（此处省略了异常捕获代码），并将其横坐标重设为传入的参数，最后返回此克隆对象，这样我们便可轻松获取一架敌机的克隆实例了。

敌机克隆工厂类定义完毕，客户端代码就留给读者自己去实践了。但需要注意，一定得使用"懒加载"的方式，如此既可以节省内存空间，又可以确保敌机的实例化速度，实现敌机的即时性按需克隆，这样游戏便再也不会出现卡顿现象了。

3.5　深拷贝与浅拷贝

最后，在使用原型模式之前，我们还必须得搞清楚浅拷贝和深拷贝这两个概念，否则会对某些复杂对象的克隆结果感到无比困惑。让我们再扩展一下场景，假设敌机类里有一颗子弹可以发射并击杀玩家的飞机，那么敌机中则包含一颗实例化好的子弹对象，请参看代码清单 3-5。

代码清单 3-5　加装子弹的敌机类 EnemyPlane

```
1.  public class EnemyPlane implements Cloneable{
2.
3.      private Bullet bullet = new Bullet();
4.      private int x;//敌机横坐标
5.      private int y = 0;//敌机纵坐标
6.
7.      //之后代码省略……
8.
9.  }
```

如代码清单 3-5 所示，对于这种复杂一些的敌机类，此时如果进行克隆操作，我们是否能将第 3 行中的子弹对象一同成功克隆呢？答案是否定的。我们都知道，Java 中的变量分为原始类型和引用类型，所谓浅拷贝是指只复制原始类型的值，比如横坐标 x 与纵坐标 y 这种以原始类型 int 定义的值，它们会被复制到新克隆出的对象中。而引用类型 bullet 同样会被拷贝，但是请注意这个操作只是拷贝了地址引用（指针），也就是说副本敌机与原型敌机中的子弹是同一颗，因为两个同样的地址实际指向的内存对象是同一个 bullet 对象。

需要注意的是，克隆方法中调用父类 Object 的 clone 方法进行的是浅拷贝，所以此处的 bullet 并没有被真正克隆。然而，每架敌机携带的子弹必须要发射出不同的弹道，这就必然是不同的子弹对象了，所以此时原型模式的浅拷贝实现是无法满足需求的，那么该如何改动呢？请参看如代码清单 3-6 中对敌机类的深拷贝支持。

代码清单 3-6　支持深拷贝的敌机类 EnemyPlane

```
1.  public class EnemyPlane implements Cloneable{
2.
3.      private Bullet bullet;
4.      private int x;//敌机横坐标
5.      private int y = 0;//敌机纵坐标
6.
7.      public EnemyPlane(int x, Bullet bullet) {
8.          this.x = x;
9.          this.bullet = bullet;
10.     }
11.
12.     @Override
13.     protected EnemyPlane clone() throws CloneNotSupportedException {
14.         EnemyPlane clonePlane = (EnemyPlane) super.clone();//克隆出敌机
15.         clonePlane.setBullet(this.bullet.clone());//对子弹进行深拷贝
16.         return clonePlane;
17.     }
18.
19.     //之后代码省略……
20.
21. }
```

如代码清单 3-6 所示，首先我们在第 13 行的克隆方法 clone() 中依旧对敌机对象进行了克隆操作，紧接着对敌机子弹 bullet 也进行了克隆，这就是深拷贝操作。当然，此处要注意对于子弹类 Bullet 同样也得实现克隆接口，请读者自行实现，此处就不再赘述了。

3.6　克隆的本质

终于，在我们用克隆模式对游戏代码反复重构后，游戏性能得到了极大的提升，流畅的游戏画面确保了优秀的用户体验。最后，我们来看原型模式的类结构，如图 3-5 所示。原型模式的各角色定义如下。

■ Prototype（原型接口）：声明克隆方法，对应本例程代码中的 Cloneable 接口。

- ConcretePrototype（原型实现）：原型接口的实现类，实现方法中调用 super. clone() 即可得到新克隆的对象。
- Client（客户端）：客户端只需调用实现此接口的原型对象方法 clone()，便可轻松地得到一个全新的实例对象。

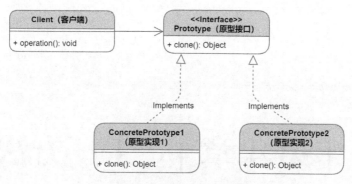

图 3-5　原型模式的类结构

从类到对象叫作"创建"，而由本体对象至副本对象则叫作"克隆"，当需要创建多个类似的复杂对象时，我们就可以考虑用原型模式。究其本质，克隆操作时 Java 虚拟机会进行内存操作，直接拷贝原型对象数据流生成新的副本对象，绝不会拖泥带水地触发一些多余的复杂操作（如类加载、实例化、初始化等），所以其效率远远高于"new"关键字所触发的实例化操作。看尽世间烦扰，拨开云雾见青天，有时候"简单粗暴"也是一种去繁从简、不绕弯路的解决方案。

| 第 4 章 | 工厂方法

制造业是一个国家工业经济发展的重要支柱，而工厂则是其根基所在。程序设计中的工厂类往往是对对象构造、实例化、初始化过程的封装，而工厂方法（Factory Method）则可以升华为一种设计模式，它对工厂制造方法进行接口规范化，以允许子类工厂决定具体制造哪类产品的实例，最终降低系统耦合，使系统的可维护性、可扩展性等得到提升。

4.1　工厂的多元化与专业化

要理解工厂方法模式，我们还得从头说起。众所周知，要制造产品（实例化对象）就得用到关键字"new"，例如"Plane plane = new Plane();"，或许还会有一些复杂的初始化代码，这就是我们常用的传统构造方式。然而这样做的结果会使飞机对象的产生代码被牢牢地硬编码在客户端类里，也就是说客户端与实例化过程强耦合了。而事实上，我们完全不必关心产品的制造过程（实例化、初始化），而将这个任务交由相应的工厂来全权负责，工厂最终能交付产品

> **提示**
>
> 　　还记得第 3 章里的克隆工厂吧，工厂内部封装的生产逻辑对外部来说像一个黑盒子，外部不需要关心工厂内部细节，外部类只管调用即可。

供我们使用即可，如此我们便摆脱了产品生产方式的束缚，实现了与制造过程彻底解耦。

除此之外，工厂方法模式是基于多元化产品的构造方法发展而来的，它开辟了产品多元化的生产模式，不同的产品可以交由不同的专业工厂来生产，例如皮鞋由皮鞋工厂来制造，汽车则由汽车工厂来制造，专业化分工明确，如图 4-1 所示。

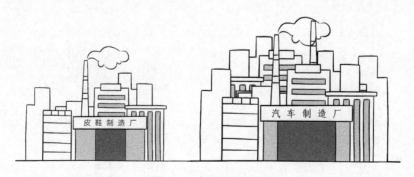

图 4-1　专业化的工厂

4.2　游戏角色建模

在制造产品之前，我们先得为它们建模。我们依旧以空战游戏来举例，通常这类游戏中主角飞机都拥有强大的武器装备，以应对敌众我寡的游戏局面，所以敌人的种类就应当多样化，以带给玩家更加丰富多样的游戏体验。于是我们增加了一些敌机、坦克，游戏画面如图 4-2 所示。

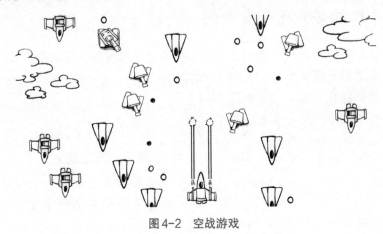

图 4-2　空战游戏

如图 4-2 所示，游戏中敌人的种类有飞机和坦克，虽然它们之间的区别比较大，但总有一些共同的属性或行为，例如一对用来描述位置状态的坐标，以及一个展示（绘制）方法，以便将自己绘制到相应的地图位置上。好了，现在我们使用抽象类来定义所有敌人的父类，请参看代码清单 4-1。

代码清单 4-1　敌人抽象类 Enemy

```
1.  public abstract class Enemy {
2.      //敌人的坐标
3.      protected int x;
4.      protected int y;
5.
6.      //初始化坐标
7.      public Enemy(int x, int y){
8.          this.x = x;
9.          this.y = y;
10.     }
11.
12.     //抽象方法，在地图上绘制
13.     public abstract void show();
14.
15. }
```

如代码清单 4-1 所示，我
们在敌人抽象类 Enemy 中第 13
行定义了一个显示方法 show()，
并声明其抽象方法，以交给子
类去实现，并按照构造方法
（第 7 行）中初始化的坐标位置
将自己绘制到地图上。接下来
是具体子类实现，也就是敌机类
和坦克类，请参看代码清单 4-2
与代码清单 4-3。

> **注意**
>
> 　　真正的游戏不止这么简单，敌机绘图
> 线程会在下一帧擦除画板并重绘到下一个
> 坐标以实现动画效果，敌人抽象类可能
> 还会有 move()（移动）、attack()（攻击）、
> die()（死亡）等方法，本章例程中我们忽
> 略这些细节。

代码清单 4-2　敌机类 Airplane

```
1.  public class Airplane extends Enemy {
2.
3.      public Airplane(int x, int y){
4.          super(x, y);//调用父类构造方法初始化坐标
5.      }
6.
7.      @Override
8.      public void show() {
9.          System.out.println("绘制飞机于上层图层，出现坐标：" + x + "," + y);
10.         System.out.println("飞机向玩家发起攻击……");
11.     }
12.
13. }
```

代码清单 4-3　坦克类 Tank

```
1.  public class Tank extends Enemy {
2.
3.      public Tank(int x, int y){
4.          super(x, y); //调用父类构造方法初始化坐标
5.      }
6.
7.      @Override
8.      public void show() {
9.          System.out.println("绘制坦克于下层图层，出现坐标：" + x + "," + y);
10.         System.out.println("坦克向玩家发起攻击……");
11.     }
12.
13. }
```

如代码清单 4-2 与代码清单 4-3 所示，飞机类 Airplane 和坦克类 Tank 都继承了敌人
抽象类 Enemy，并且分别实现了各自独特的展示方法 show()，其中坦克应该绘制在下
层（但在地图层之上）图层，而飞机则绘制在上层图层，这样才能遮盖住下层的所有

图层以达到期望的视觉效果。

4.3　简单工厂不简单

产品建模完成后，就应该考虑如何实例化和初始化这些敌人了。毋庸置疑，要使它们都出现在屏幕最上方，就得使其纵坐标 y 被初始化为 0，而对于横坐标 x 该怎样初始化呢？如果让敌人出现于屏幕正中央的话，就得将其横坐标初始化为屏幕宽度的一半，显然，如此玩家只需要一直对准屏幕中央射击，这对游戏可玩性来说是非常糟糕的，所以我们最好让敌人的横坐标随机产生，这样才能给玩家带来更好的游戏体验。我们来看客户端如何进行设置，请参看代码清单 4-4。

代码清单 4-4　客户端类 Client

```
1.  public class Client {
2.
3.      public static void main(String[] args) {
4.          int screenWidth = 100;//屏幕宽度
5.          System.out.println("游戏开始");
6.          Random random = new Random();//准备随机数
7.          int x = random.nextInt(screenWidth);//生成敌机横坐标随机数
8.          Enemy airplan = new Airplane(x, 0);//实例化飞机
9.          airplan.show();//显示飞机
10.
11.         x = random.nextInt(screenWidth);//坦克同上
12.         Enemy tank = new Tank(x, 0);
13.         tank.show();
14.
15.         /*输出结果：
16.             游戏开始
17.             飞机出现坐标：94,0
18.             飞机向玩家发起攻击……
19.             坦克出现坐标：89,0
20.             坦克向玩家发起攻击……
21.         */
22. }
```

如代码清单 4-4 所示，我们在第 4 行假设屏幕宽度为 100，然后在第 7 行生成一个从 0 到"屏幕宽度"的随机数，再以此为横坐标构造并初始化敌人（为保持简单不考虑敌人自身的宽度），这样敌人就会出现在随机的横坐标位置上了。接着往下看，我们在第 11 行构造坦克时做了同样的设置，最后的输出结果达到了我们的预期，飞机和坦克随机出现于屏幕顶部，游戏可玩性大大提高。

然而，制造随机出现的敌人这个动作貌似不应该出现在客户端类中，试想如果我们还有其他敌人也需要构造的话，那么同样的代码就会再次出现，尤其是当初始化越

复杂的时候重复代码就会越多。如此耗时费力，何不把这些实例化逻辑抽离出来作为一个工厂类？沿着这个思路，我们来开发一个制造敌人的简单工厂类，请参看代码清单 4-5。

代码清单 4-5 简单工厂类 SimpleFactory

```
1.   public class SimpleFactory {
2.       private int screenWidth;
3.       private Random random;//随机数
4.
5.       public SimpleFactory(int screenWidth) {
6.           this.screenWidth = screenWidth;
7.           this.random = new Random();
8.       }
9.
10.      public Enemy create(String type){
11.          int x = random.nextInt(screenWidth);//生成敌人横坐标随机数
12.          Enemy enemy = null;
13.          switch (type) {
14.          case "Airplane":
15.              enemy = new Airplane(x, 0);//实例化飞机
16.              break;
17.          case "Tank":
18.              enemy = new Tank(x, 0);//实例化坦克
19.              break;
20.          }
21.          return enemy;
22.      }
23.
24. }
```

如代码清单 4-5 所示，简单工厂类 SimpleFactory 将之前在客户端类里制造敌人的代码挪过来，并封装在第 10 行的制造方法 create() 方法中，这里我们在第 13 行加入了一些逻辑判断，使其可以根据传入的敌人种类（飞机或坦克）生产出相应的对象实例，并随机初始化其位置。如此一来，制造敌人这个任务就全权交由简单工厂来负责了，于是客户端便可以直接从简单工厂取用敌人了，请参看代码清单 4-6。

代码清单 4-6 客户端类 Client

```
1.   public class Client {
2.
3.       public static void main(String[] args) {
4.           System.out.println("游戏开始");
5.           SimpleFactory factory = new SimpleFactory(100);
6.           factory.create("Airplane").show();
7.           factory.create("Tank").show();
8.       }
9.
10. }
```

如代码清单 4-6 所示，客户端类的代码变得异常简单、清爽，这就是分类封装、

各司其职的好处。然而，这个简单工厂的确很"简单"，但并不涉及任何的模式设计范畴，虽然客户端中不再直接出现对产品实例化的代码，但羊毛出在羊身上，制造逻辑只是被换了个地方，挪到了简单工厂中而已，并且客户端还要告知产品种类才能产出，这无疑是另一种意义上的耦合。

除此之外，简单工厂一定要保持简单，否则就不要用简单工厂。随着游戏项目需求的演变，简单工厂的可扩展性也会变得很差，例如对于那段对产品种类的判断逻辑，如果有新的敌人类加入，我们就需要再修改简单工厂。随着生产方式不断多元化，工厂类就得被不断地反复修改，严重缺乏灵活性与可扩展性，尤其是对于一些庞大复杂的系统，大量的产品判断逻辑代码会被堆积在制造方法中，看起来好像功能强大、无所不能，其实维护起来举步维艰，简单工厂就会变得一点也不简单了。

4.4　制定工业制造标准

其实系统中并不是处处都需要调用这样一个万能的"简单工厂"，有时系统只需要一个坦克对象，所以我们不必大动干戈使用这样一个臃肿的"简单工厂"。另外，由于用户需求的多变，我们又不得不生成大量代码，这正是我们要调和的矛盾。

针对复杂多变的生产需求，我们需要对产品制造的相关代码进行合理规划与分类，将简单工厂的制造方法进行拆分，构建起抽象化、多态化的生产模式。下面我们就对各种各样的生产方式（工厂方法）进行抽象，首先定义一个工厂接口，以确立统一的工业制造标准，请参看代码清单 4-7。

代码清单 4-7　工厂接口 Factory

```
1.   public interface Factory {
2.
3.       Enemy create(int screenWidth);
4.
5.   }
```

如代码清单 4-7 所示，工厂接口 Factory 其实就是工厂方法模式的核心了。我们在第 3 行中声明了工业制造标准，只要传入屏幕宽度，就在屏幕坐标内产出一个敌人实例，任何工厂都应遵循此接口。接下来我们重构一下之前的简单工厂类，将其按产品种类拆分为两个类，请参看代码清单 4-8 和代码清单 4-9。

代码清单 4-8　飞机工厂类 AirplaneFactory

```
1.   public class AirplaneFactory implements Factory {
2.
3.       @Override
```

```
4.     public Enemy create(int screenWidth) {
5.         Random random = new Random();
6.         return new Airplane(random.nextInt(screenWidth), 0);
7.     }
8.
9. }
```

代码清单 4-9　坦克工厂类 TankFactory

```
1. public class TankFactory implements Factory {
2.
3.     @Override
4.     public Enemy create(int screenWidth) {
5.         Random random = new Random();
6.         return new Tank(random.nextInt(screenWidth), 0);
7.     }
8.
9. }
```

如代码清单 4-8 和代码清单 4-9 所示，飞机工厂类 AirplaneFactory 与坦克工厂类 TankFactory 的代码简洁、明了，它们都以关键字 implements 声明了本类是实现工厂接口 Factory 的工厂实现类，并且在第 4 行给出了工厂方法 create() 的具体实现，其中飞机工厂制造飞机，坦克工厂制造坦克，各自有其独特的生产方式。

除了飞机和坦克，应该还会有其他的敌人，当玩家抵达游戏关底时总会有 Boss 出现，这时候我们该如何扩展呢？显而易见，基于此模式继续我们的扩展即可，先定义一个继承自敌人抽象类 Enemy 的 Boss 类，相应地还有 Boss 的工厂类，同样实现工厂方法接口，请分别参看代码清单 4-10 和代码清单 4-11。

代码清单 4-10　关底 Boss 类 Boss

```
1.  public class Boss extends Enemy {
2.
3.      public Boss(int x, int y){
4.          super(x, y);
5.      }
6.
7.      @Override
8.      public void show() {
9.          System.out.println("Boss出现坐标: " + x + "," + y);
10.         System.out.println("Boss向玩家发起攻击……");
11.     }
12.
13. }
```

代码清单 4-11　关底 Boss 工厂类 BossFactory

```
1. public class BossFactory implements Factory {
2.
3.     @Override
```

```
4.      public Enemy create(int screenWidth) {
5.          // 让Boss出现在屏幕中央
6.          return new Boss(screenWidth / 2, 0);
7.      }
8.
9.  }
```

这里要注意代码清单 4-11，因为 Boss 出现的坐标总是处于屏幕的中央位置，所以关底 Boss 工厂类 BossFactory 在初始化时在第 6 行设置 Boss 对象的横坐标为屏幕宽度的一半，而不是随机生成横坐标。"万事俱备，只欠东风"，客户端开始运行游戏了，请参看代码清单 4-12。

代码清单 4-12　客户端类

```
1.  public class Client {
2.
3.      public static void main(String[] args) {
4.          int screenWidth = 100;
5.          System.out.println("游戏开始");
6.
7.          Factory factory = new TankFactory();
8.          for (int i = 0; i < 5; i++) {
9.              factory.create(screenWidth).show();
10.         }
11.
12.         factory = new AirplaneFactory();
13.         for (int i = 0; i < 5; i++) {
14.             factory.create(screenWidth).show();
15.         }
16.
17.         System.out.println("抵达关底");
18.         factory = new BossFactory();
19.         factory.create(screenWidth).show();
20.
21.         /*
22.             游戏开始
23.             坦克出现坐标: 19,0
24.             坦克向玩家发起攻击……
25.             坦克出现坐标: 7,0
26.             坦克向玩家发起攻击……
27.             坦克出现坐标: 46,0
28.             坦克向玩家发起攻击……
29.             坦克出现坐标: 64,0
30.             坦克向玩家发起攻击……
31.             坦克出现坐标: 40,0
32.             坦克向玩家发起攻击……
33.             飞机出现坐标: 62,0
34.             飞机向玩家发起攻击……
35.             飞机出现坐标: 86,0
36.             飞机向玩家发起攻击……
37.             飞机出现坐标: 32,0
38.             飞机向玩家发起攻击……
```

```
39.            飞机出现坐标: 84,0
40.            飞机向玩家发起攻击……
41.            飞机出现坐标: 33,0
42.            飞机向玩家发起攻击……
43.            抵达关底
44.            Boss出现坐标: 50,0
45.            Boss向玩家发起攻击……
46.        */
47.    }
48.
49. }
```

如代码清单 4-12 所示，我们在第 9 行的循环体中调用坦克工厂类生成敌人，结果制造出的产品肯定是 5 辆坦克，接着又在第 12 行将工厂接口替换为飞机工厂类，结果 5 架飞机出现在屏幕上。抵达关底后，在第 18 行我们又将工厂接口替换为关底 Boss 工厂类，结果关底 Boss 出现并与玩家进行战斗，具体结果如第 22 行开始的输出所示。显而易见，多态化后的工厂多样性不言而喻，每个工厂的生产策略或方式都具备自己的产品特色，不同的产品需求都能找到相应的工厂来满足，即便没有，我们也可以添加新工厂来解决，以确保游戏系统具有良好的兼容性和可扩展性。

4.5　劳动分工

至此，以工厂方法模式构建的空战游戏就完成了，之后若要加入新的敌人类，只需添加相应的工厂类，无须再对现有代码做任何更改。不同于简单工厂，工厂方法模式可以被看作由简单工厂演化而来的高级版，后者才是真正的设计模式。在工厂方法模式中，不仅产品需要分类，工厂同样需要分类，与其把所有生产方式堆积在一个简单工厂类中，不如把生产方式放在具体的子类工厂中去实现，这样做对工厂的抽象化与多态化有诸多好处，避免了由于新加入产品类而反复修改同一个工厂类所带来的困扰，使后期的代码维护以及扩展更加直观、方便。下面我们来看工厂方法模式的类结构，如图 4-3 所示。

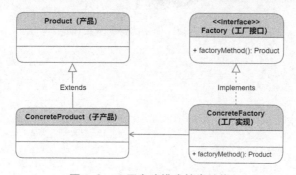

图4-3　工厂方法模式的类结构

工厂方法模式的各角色定义如下。

- Product（产品）：所有产品的顶级父类，可以是抽象类或者接口。对应本章例程中的敌人抽象类。
- ConcreteProduct（子产品）：由产品类 Product 派生出的产品子类，可以有多个产品子类。对应本章例程中的飞机类、坦克类以及关底 Boss 类。
- Factory（工厂接口）：定义工厂方法的工厂接口，当然也可以是抽象类，它使顶级工厂制造方法抽象化、标准统一化。
- ConcreteFactory（工厂实现）：实现了工厂接口的工厂实现类，并决定工厂方法中具体返回哪种产品子类的实例。

工厂方法模式不但能将客户端与敌人的实例化过程彻底解耦，抽象化、多态化后的工厂还能让我们更自由灵活地制造出独特而多样的产品。其实工厂不必万能，方便面工厂不必生产汽车，手机工厂也不必生产牛仔裤，否则就会通而不精，妄想兼备所有产品线的工厂并不是好的工厂。反之，每个工厂都应围绕各自的产品进行生产，专注于自己的产品开发，沿用这种分工明确的工厂模式才能使各产业变得越来越专业化，而不至于造成代码逻辑泛滥，从而降低产出效率。正所谓"闻道有先后，术业有专攻"，正如英国经济学家亚当·斯密提出的劳动分工理论一样，如图 4-4 所示，明确合理的劳动分工才能真正地促进生产效率的提升。

图 4-4　亚当·斯密的劳动分工理论

|第 5 章| 抽象工厂

　　抽象工厂模式（Abstract Factory）是对工厂的抽象化，而不只是制造方法。我们知道，为了满足不同用户对产品的多样化需求，工厂不会只局限于生产一类产品，但是系统如果按工厂方法那样为每种产品都增加一个新工厂又会造成工厂泛滥。所以，为了调和这种矛盾，抽象工厂模式提供了另一种思路，将各种产品分门别类，基于此来规划各种工厂的制造接口，最终确立产品制造的顶级规范，使其与具体产品彻底脱钩。抽象工厂是建立在制造复杂产品体系需求基础之上的一种设计模式，在某种意义上，我们可以将抽象工厂模式理解为工厂方法模式的高度集群化升级版，所以建议读者先充分理解上一章的内容再来阅读本章。

5.1　品牌与系列

　　我们都知道，在工厂方法模式中每个实际的工厂只定义了一个工厂方法。而随着经济发展，人们对产品的需求不断升级，并逐渐走向个性化、多元化，制造业也随之发展壮大起来，各类工厂遍地开花，能够制造的产品种类也丰富了起来，随之而来的弊端就是工厂泛滥。

　　针对这种情况，我们就需要进行产业规划与整合，对现有工厂进行重构。例如，我们可以基于产品品牌与系列进行生产线规划，按品牌划分 A 工厂与 B 工厂。具体以汽车工厂举例，A 品牌汽车有轿车、越野车、跑车 3 个系列的产品，同样地，B 品牌汽车也包括以上 3 个系列的产品，如此便形成了两个产品族，分别由 A 工厂和 B 工厂负责生产，每个工厂都有 3 条生产线，分别生产这 3 个系列的汽车，如图 5-1 所示。

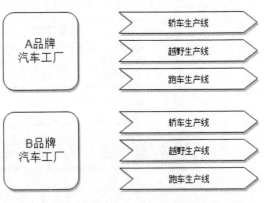

图5-1　汽车品牌与系列规划

　　基于这 2 个品牌汽车工厂的系列生产线，如果今后产生新的 C 品牌汽车、D 品牌汽车等，都可以沿用此种规划好的生产模式，这便是抽象工厂模式的基础数据模型。

5.2　产品规划

　　无论哪种工厂模式，都一定是基于特定的产品特性发展而来的，所以我们首先得从产品建模切入。假设某公司要开发一款星际战争游戏，战争设定在太阳系文明与异星系文明之间展开，游戏兵种就可以分为人类与外星怪兽 2 个族，游戏画面如图 5-2 所示。

图5-2　星际战争

如图 5-2 所示，游戏战争场面相当激烈，人类拥有各种军工高科技装备，而外星怪兽则靠血肉之躯与人类战斗，所以这两族的兵种必然有着巨大的差异，这就意味着各兵种首先应该按族划分。此外，从另一个角度来看，它们又有相同之处，2 个族的兵种都可以被简单归纳为初级（1 级）、中级（2 级）、高级（3 级）3 个等级，如同之前对汽车品牌系列的规划一样，各族兵种也应当按等级划分，最终我们可以得到一个对所有兵种分类归纳的表格，如图 5-3 所示。

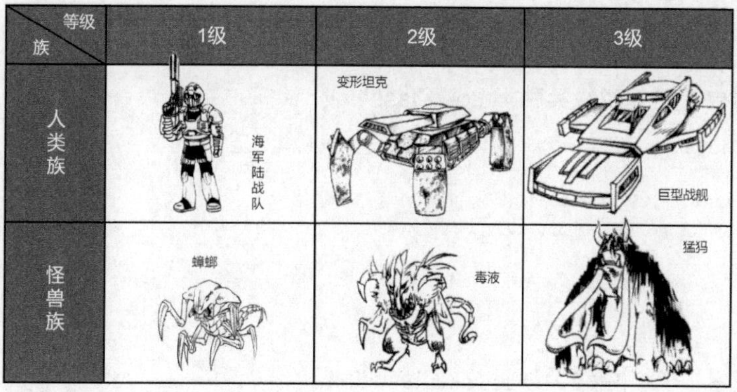

等级 族	1级	2级	3级
人类族	海军陆战队	变形坦克	巨型战舰
怪兽族	蟑螂	毒液	猛犸

图5-3　星际战争兵种规划

如图 5-3 所示，兵种规划表格以列划分等级，以行划分族，一目了然，我们可以据此建立数据模型。首先，我们来定义一个所有兵种的顶层父类兵种，这里我们使用抽象类，以达到属性继承给子类的目的，请参看代码清单 5-1。

代码清单 5-1 兵种抽象类 Unit

```
1.  public abstract class Unit {
2.
3.      protected int attack;// 攻击力
4.      protected int defence;// 防御力
5.      protected int health;// 生命力
6.      protected int x;// 横坐标
7.      protected int y;// 纵坐标
8.
9.      public Unit(int attack, int defence, int health, int x, int y) {
10.         this.attack = attack;
11.         this.defence = defence;
12.         this.health = health;
13.         this.x = x;
14.         this.y = y;
15.     }
16.
17.     public abstract void show();
18.
19.     public abstract void attack();
20.
21. }
```

如代码清单 5-1 所示，任何兵种都具有攻击力、防御力、生命力、坐标方位等属性，从第 3 行开始我们对以上属性依次定义。除此之外，第 17 行的展示 show()（绘制到图上）与第 19 行的攻击 attack() 这两个抽象方法交由子类实现。接下来我们将兵种按等级分类，假设同一等级的攻击力、防御力等属性值是相同的，所以初级、中级、高级兵种会分别对应 3 个等级的兵种类，请参看代码清单 5-2、代码清单 5-3、代码清单 5-4。

代码清单 5-2 初级兵种类 LowClassUnit

```
1.  public abstract class LowClassUnit extends Unit {
2.
3.      public LowClassUnit(int x, int y) {
4.          super(5, 2, 35, x, y);
5.      }
6.
7.  }
```

代码清单 5-3 中级兵种类 MidClassUnit

```
1.  public abstract class MidClassUnit extends Unit {
2.
3.      public MidClassUnit(int x, int y) {
4.          super(10, 8, 80, x, y);
5.      }
```

```
6.
7.  }
```

代码清单 5-4　高级兵种类 HighClassUnit

```
1.  public abstract class HighClassUnit extends Unit {
2.
3.      public HighClassUnit(int x, int y) {
4.          super(25, 30, 300, x, y);
5.      }
6.
7.  }
```

如代码清单 5-2、代码清单 5-3、代码清单 5-4 所示，各等级兵种类都继承自兵种抽象类 Unit，它们对应的攻击力、防御力及生命力也各不相同，等级越高，其属性值也越高（当然制造成本也会更高，本例我们不考虑价格属性）。接下来我们来定义具体的兵种类，首先是人类兵种的海军陆战队员、变形坦克和巨型战舰，分别对应初级、中级、高级兵种，请参看代码清单 5-5、代码清单 5-6、代码清单 5-7。

代码清单 5-5　海军陆战队员类 Marine

```
1.  public class Marine extends LowClassUnit {
2.
3.      public Marine(int x, int y) {
4.          super(x, y);
5.      }
6.
7.      @Override
8.      public void show() {
9.          System.out.println("士兵出现在坐标：[" + x + "," + y + "]");
10.     }
11.
12.     @Override
13.     public void attack() {
14.         System.out.println("士兵用机关枪射击，攻击力：" + attack);
15.     }
16.
17. }
```

代码清单 5-6　变形坦克类 Tank

```
1.  public class Tank extends MidClassUnit {
2.
3.      public Tank(int x, int y) {
4.          super(x, y);
5.      }
6.
7.      @Override
8.      public void show() {
9.          System.out.println("坦克出现在坐标：[" + x + "," + y + "]");
```

```
10.        }
11.
12.        @Override
13.        public void attack() {
14.            System.out.println("坦克用炮轰击, 攻击力: " + attack);
15.        }
16.
17. }
```

代码清单 5-7   巨型战舰类 Battleship

```
1.  public class Battleship extends HighClassUnit {
2.
3.        public Battleship(int x, int y) {
4.            super(x, y);
5.        }
6.
7.        @Override
8.        public void show() {
9.            System.out.println("战舰出现在坐标: [" + x + "," + y + "]");
10.        }
11.
12.        @Override
13.        public void attack() {
14.            System.out.println("战舰用激光炮打击, 攻击力: " + attack);
15.        }
16.
17. }
```

如代码清单 5-5、代码清单 5-6、代码清单 5-7 所示，我们在第 3 行的构造方法中调用了父类，并初始化了坐标属性，其攻击力、防御力和生命力已经在对应等级的父类里初始化好了。此外，在代码第 8 行与第 13 行我们分别重写了各兵种的展示方法和攻击方法，进行行为差异化，比如坦克可以变形增加攻击力与射程，再比如战舰攻击地面目标时用激光炮，而攻击空中目标的切换至导弹等，本例我们不做过多延伸，读者可自行实现。同样，外星怪兽族对应的初级、中级、高级兵种分别为蟑螂、毒液、猛犸，请参看代码清单 5-8、代码清单 5-9、代码清单 5-10。

代码清单 5-8   蟑螂类 Roach

```
1.  public class Roach extends LowClassUnit {
2.
3.        public Roach(int x, int y) {
4.            super(x, y);
5.        }
6.
7.        @Override
8.        public void show() {
9.            System.out.println("蟑螂兵出现在坐标: [" + x + "," + y + "]");
10.        }
```

```
11.
12.      @Override
13.      public void attack() {
14.          System.out.println("蟑螂兵用爪子挠，攻击力：" + attack);
15.      }
16.
17. }
```

代码清单 5-9   毒液类 Poison

```
1.  public class Poison extends MidClassUnit {
2.
3.      public Poison(int x, int y) {
4.          super(x, y);
5.      }
6.
7.      @Override
8.      public void show() {
9.          System.out.println("毒液兵出现在坐标：[" + x + "," + y + "]");
10.      }
11.
12.      @Override
13.      public void attack() {
14.          System.out.println("毒液兵用毒液喷射，攻击力：" + attack);
15.      }
16.
17. }
```

代码清单 5-10   猛犸类 Mammoth

```
1.  public class Mammoth extends HighClassUnit {
2.
3.      public Mammoth(int x, int y) {
4.          super(x, y);
5.      }
6.
7.      @Override
8.      public void show() {
9.          System.out.println("猛犸巨兽出现在坐标：[" + x + "," + y + "]");
10.      }
11.
12.      @Override
13.      public void attack() {
14.          System.out.println("猛犸巨兽用獠牙顶，攻击力：" + attack);
15.      }
16.
17. }
```

至此，所有兵种类已定义完毕，代码不是难点，重点集中在对兵种的划分上，横向划分族，纵向划分等级（系列），利用类的抽象与继承描绘出所有的游戏角色以及它们之间的关系，同时避免了不少重复代码。

5.3　生产线规划

　　既然产品类的数据模型构建完成，相应的产品生产线也应该建立起来，接下来我们就可以定义这些产品的制造工厂了。我们一共定义了 6 个兵种产品，那么每个产品都需要对应一个工厂类吗？答案是否定的。本着人类靠科技、怪兽靠繁育的游戏理念，人类兵工厂自然是高度工业化的，而怪兽的生产一定靠的是母巢繁殖，所以应该将工厂分为 2 个族，并且每个族工厂都应该拥有 3 个等级兵种的制造方法。如此规划不但合理，而且避免了工厂类泛滥的问题。那么，首先我们来制定这 3 个工业制造标准，也就是定义抽象工厂接口，请参看代码清单 5-11。

代码清单 5-11　抽象兵工厂接口 AbstractFactory

```
1.  public interface AbstractFactory {
2.
3.      LowClassUnit createLowClass();// 初级兵种制造标准
4.
5.      MidClassUnit createMidClass();// 中级兵种制造标准
6.
7.      HighClassUnit createHighClass();// 高级兵种制造标准
8.  }
```

　　在代码清单 5-11 中，抽象兵工厂接口定义了 3 个等级兵种的制造标准，这意味着子类工厂必须具备初级、中级、高级兵种的生产能力（类似一个品牌的不同系列生产线）。理解了这一点后，我们就可以定义人类兵工厂与外星母巢的工厂类实现了，请参看代码清单 5-12、代码清单 5-13。

代码清单 5-12　人类兵工厂 HumanFactory

```
1.  public class HumanFactory implements AbstractFactory {
2.
3.      private int x;// 工厂横坐标
4.      private int y;// 工厂纵坐标
5.
6.      public HumanFactory(int x, int y) {
7.          this.x = x;
8.          this.y = y;
9.      }
10.
11.     @Override
12.     public LowClassUnit createLowClass() {
13.         LowClassUnit unit = new Marine(x, y);
14.         System.out.println("制造海军陆战队员成功。");
15.         return unit;
16.     }
17.
18.     @Override
```

```
19.    public MidClassUnit createMidClass() {
20.        MidClassUnit unit = new Tank(x, y);
21.        System.out.println("制造变形坦克成功。");
22.        return unit;
23.    }
24.
25.    @Override
26.    public HighClassUnit createHighClass() {
27.        HighClassUnit unit = new Battleship(x, y);
28.        System.out.println("制造巨型战舰成功。");
29.        return unit;
30.    }
31.
32. }
```

代码清单 5-13　外星母巢 AlienFactory

```
1.  public class AlienFactory implements AbstractFactory {
2.
3.      private int x;//工厂横坐标
4.      private int y;//工厂纵坐标
5.
6.      public AlienFactory(int x, int y) {
7.          this.x = x;
8.          this.y = y;
9.      }
10.
11.     @Override
12.     public LowClassUnit createLowClass() {
13.         LowClassUnit unit = new Roach(x, y);
14.         System.out.println("制造蟑螂兵成功。");
15.         return unit;
16.     }
17.
18.     @Override
19.     public MidClassUnit createMidClass() {
20.         MidClassUnit unit = new Poison(x, y);
21.         System.out.println("制造毒液兵成功。");
22.         return unit;
23.     }
24.
25.     @Override
26.     public HighClassUnit createHighClass() {
27.         HighClassUnit unit = new Mammoth(x, y);
28.         System.out.println("制造猛犸巨兽成功。");
29.         return unit;
30.     }
31.
32. }
```

　　如代码清单 5-12、代码清单 5-13 所示，人类兵工厂与外星母巢分别实现了 3 个等级兵种的制造方法，其中前者由低到高分别返回海军陆战队员、变形坦克以及巨型战舰对象，后者则分别返回蟑螂兵、毒液兵以及猛犸巨兽对象，生产线规划非常清晰。好了，所有兵种与工厂准备完毕，我们可以用客户端开始模拟游戏了，请参看代码清单 5-14。

代码清单 5-14　客户端类 Client

```
1.  public class Client {
2.
3.      public static void main(String[] args) {
4.          System.out.println("游戏开始……");
5.          System.out.println("双方挖矿攒钱……");
6.
7.          //第一位玩家选择了人类族
8.          System.out.println("工人建造人类族工厂……");
9.          AbstractFactory factory = new HumanFactory(10, 10);
10.
11.         Unit marine = factory.createLowClass();
12.         marine.show();
13.
14.         Unit tank = factory.createMidClass();
15.         tank.show();
16.
17.         Unit ship = factory.createHighClass();
18.         ship.show();
19.
20.         //第二位玩家选择了外星怪兽族
21.         System.out.println("工蜂建造外星怪兽族工厂……");
22.         factory = new AlienFactory(200, 200);
23.
24.         Unit roach = factory.createLowClass();
25.         roach.show();
26.
27.         Unit poison = factory.createMidClass();
28.         poison.show();
29.
30.         Unit mammoth = factory.createHighClass();
31.         mammoth.show();
32.
33.         System.out.println("两族开始大混战……");
34.         marine.attack();
35.         roach.attack();
36.         poison.attack();
37.         tank.attack();
38.         mammoth.attack();
39.         ship.attack();
40.
41.         /*
42.             游戏开始……
43.             双方挖矿攒钱……
44.             工人建造人类族工厂……
45.             制造海军陆战队员成功。
46.             士兵出现在坐标：[10,10]
47.             制造变形坦克成功。
48.             坦克出现在坐标：[10,10]
49.             制造巨型战舰成功。
50.             战舰出现在坐标：[10,10]
```

```
51.            工蜂建造外星怪兽族工厂……
52.            制造蟑螂兵成功。
53.            蟑螂兵出现在坐标: [200,200]
54.            制造毒液兵成功。
55.            毒液兵出现在坐标: [200,200]
56.            制造猛犸巨兽成功。
57.            猛犸巨兽出现在坐标: [200,200]
58.            两族开始大混战……
59.            士兵用机关枪射击, 攻击力: 6
60.            蟑螂兵用爪子挠, 攻击力: 5
61.            毒液兵用毒液喷射, 攻击力: 10
62.            坦克用炮轰击, 攻击力: 25
63.            猛犸巨兽用獠牙顶, 攻击力: 20
64.            战舰用激光炮打击, 攻击力: 25
65.        */
66.    }
67.
68. }
```

如代码清单 5-14 所示，第一位玩家选择了人类族，在第 9 行用抽象兵工厂接口引用了人类兵工厂实现，接着调用 3 个等级的制造方法分别得到人类族的对应兵种。接着第二位玩家选择了外星怪兽族，这时将抽象兵工厂接口引用替换为外星母巢实现，此时制造出的兵种变为 3 个等级的外星怪兽族兵种。最后大混战开始了，调用每个兵种的攻击方法会展示出不同的结果。第 42 行开始的输出证明所有兵种均制造成功，抽象工厂模式得以发挥作用。此时，如果玩家需要一个新族加入，我们可以在此模式之上去实现一个新的族工厂并实现 3 个等级的制造方法，工厂一经替换即可产出各系列产品兵种，且无须改动现有代码，良好的可扩展性一览无遗，这就是一套拥有完备生产模式的标准化工业系统所带来的好处。

5.4　分而治之

至此，抽象工厂制造模式已经布局完成，各工厂可以随时大规模投入生产活动了。当然，我们还可以进一步，再加一个"制造工厂的工厂"来决定具体让哪个工厂投入生产活动。此时客户端就无须关心工厂的实例化过程了，直接使用产品就可以了，至于产品属于哪个族也已经无关紧要，这也是抽象工厂可以被视为"工厂的工厂"的原因，读者可以自行实践代码。

与工厂方法模式不同，抽象工厂模式能够应对更加复杂的产品族系，它更类似于一种对"工业制造标准"的制定与推行，各工厂实现都遵循此标准来进行生产活动，以工厂类划分产品族，以制造方法划分产品系列，达到无限扩展产品的目的。最后我们来看抽象工厂模式的类结构，如图 5-4 所示。

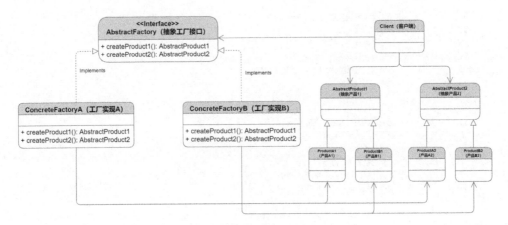

图 5-4　抽象工厂模式的类结构

抽象工厂模式的各角色定义如下。

- AbstractProduct1、AbstractProduct2（抽象产品 1、抽象产品 2）：产品系列的抽象类，图中一系产品与二系产品分别代表同一产品族的多个产品系列，对应本章例程中的初级、中级、高级兵种抽象类。

- ProductA1、ProductB1、ProductA2、ProductB2（产品 A1、产品 B1、产品 A2、产品 B2）：继承自抽象产品的产品实体类，其中 ProductA1 与 ProductB1 代表 A 族产品与 B 族产品的同一产品系列，类似于本章例程中人类族与外星怪兽族的初级兵种，之后的产品实体类以此类推。

- AbstractFactory（抽象工厂接口）：各族工厂的高层抽象，可以是接口或者抽象类。抽象工厂对各产品系列的制造标准进行规范化定义，但具体返回哪个族的产品由具体族工厂决定，它并不关心。

- ConcreteFactoryA、ConcreteFactoryB（工厂 A 实现、工厂 B 实现）：继承自抽象工厂的各族工厂，需实现抽象工厂所定义的产品系列制造方法，可以扩展多个工厂实现。对应本章例程中的人类兵工厂与外星母巢。

- Client（客户端）：产品的使用者，只关心制造出的产品系列，具体是哪个产品族由工厂决定。

产品虽然繁多，但总有品牌、系列之分。基于此抽象工厂模式以品牌与系列进行全局规划，将看似杂乱无章的产品规划至不同的族系，再通过抽象工厂管理起来，分而治之，合纵连横。需要注意的是，抽象工厂模式一定是基于产品的族系划分来布局的，其产品系列一定是相对固定的，故以抽象工厂来确立工业制造标准（各产品系列生产接口）。而产品族则可以相对灵活多变，如此一来，我们就可以方便地扩展与替换族工厂，以达到灵活产出各类产品族系的目的。

|第 6 章| 建造者

建造者模式（Builder）所构建的对象一定是庞大而复杂的，并且一定是按照既定的制造工序将组件组装起来的，例如计算机、汽车、建筑物等。我们通常将负责构建这些大型对象的工程师称为建造者。建造者模式又称为生成器模式，主要用于对复杂对象的构建、初始化，它可以将多个简单的组件对象按顺序一步步组装起来，最终构建成一个复杂的成品对象。与工厂系列模式不同的是，建造者模式的主要目的在于把烦琐的构建过程从不同对象中抽离出来，使其脱离并独立于产品类与工厂类，最终实现用同一套标准的制造工序能够产出不同的产品。

6.1　建造步骤的重要性

在开始实战之前我们首先得搞清楚建造者面对着什么样的产品模型。以典型的角色扮演类网络游戏为例，在开始游戏之前玩家通常可以选择不同的角色。为了让人物鲜活起来，不同的游戏角色应该有其独特的产品特性，如图 6-1 所示。

图6-1　不同的游戏角色

玩家选定角色后需要对其进行初始化，假设整个过程分 3 个步骤完成。第一步，玩家需要为角色选择形象以及分配力量、灵力、体力、敏捷等属性值，这也是游戏人设中最为重要的一个环节；第二步，玩家可以为角色配备不同的衣服或铠甲，低于所需力量值的铠甲则不能穿戴；第三步，玩家选择手持的武器与盾牌，它同上一步一样需要满足一定的条件。显然，每个角色都是按照这个流程完成初始化的，否则游戏就无法进行下去，例如如果在没有分配角色属性值的前提下就先进行武器选择，那么缺乏力量的角色根本无法配备任何装备或者武器；如果让缺少灵力的战士戴上魔法帽或是让力量弱小的法师手持重型武器，就会导致游戏角色出现不可预知的混乱，如图 6-2 所示。

图6-2　游戏角色设定混乱

　　成型的游戏角色是依靠角色对象、装备对象组装而成的，对于这种复杂对象的构建一定要依赖建造者来完成。除此以外，若要避免图 6-2 所示的混乱情况的发生，建造者的制造过程不仅要分步完成，还要按照顺序进行，所以建造者的各制造步骤与逻辑都应该被抽离出来独立于数据模型，复杂的游戏角色设定还需交给专业的建造团队去完成。

6.2　地产开发商的困惑

　　秉承我们一贯奉行的简单直观的宗旨，既然是建造者，我们就以建筑物建造为例来进行代码实战。盖房子可不能开玩笑，为了保证质量，我们绝不能允许豆腐渣工程出现，所以严谨的设计与施工流程的把控是不可或缺的，否则可能会房倒屋塌、家毁人亡。首先，建筑物本身应该由多个组件组成，且各组件按一定工序建造，缺一不可，如图 6-3 所示。

图6-3　建筑物组件

　　如图 6-3 所示，建筑物的组件建造是相当复杂的，为了简化其数据模型，我们将组成建筑物的模块归纳为 3 个组件，分别是地基、墙体、屋顶，将它们组装起来就能形成一座建筑物，请参看代码清单 6-1。

代码清单 6-1　建筑物类 Building

```
1.  public class Building {
2.
3.      // 用List来模拟建筑物组件的组装
4.      private List<String> buildingComponents = new ArrayList<>();
5.
6.      public void setBasement(String basement) {// 地基
7.          this.buildingComponents.add(basement);
8.      }
9.
10.     public void setWall(String wall) {// 墙体
11.         this.buildingComponents.add(wall);
12.     }
13.
14.     public void setRoof(String roof) {// 屋顶
15.         this.buildingComponents.add(roof);
16.     }
17.
18.     @Override
19.     public String toString() {
20.         String buildingStr = "";
21.         for (int i = buildingComponents.size() - 1; i >= 0; i--) {
22.             buildingStr += buildingComponents.get(i);
23.         }
24.         return buildingStr;
25.     }
26.
27. }
```

如代码清单 6-1 所示，为了模拟建筑物类中各组件的建造工序，我们在第 4 行以 List 承载各组件，模拟复杂对象中各组件的顺序组装。接着在第 6 行、第 10 行、第 14 行分别定义各组件对应的建造方法（set 方法），其中可以看到我们用字符串对象 String 来模拟各个组件对象。最后在第 19 行，为了直观地看到建筑物的建造情况，我们重写了 toString() 方法，按从大到小的组件索引顺序组装各组件，后组装的组件应先展示出来，如屋顶应该首先输出，以此类推。

这个建筑物类的内部构造看起来稍微有点复杂（实际应用中会更复杂），怎样才能用这个复杂的类构建出一个房子对象呢？首先应该调用哪个建造方法才能保证正确的建造工序，而不至于屋顶在下面，地基却跑到天上去呢？地基、墙体、屋顶，这些组件都去哪里找，如何建造？地产开发商（客户端）感到十分困惑，一头雾水。

6.3　建筑施工方

组建专业的建筑施工团队对建筑工程项目的实施至关重要，于是地产开发商决定通过招标的方式来选择施工方。招标大会上有很多建筑公司来投标，他们各有各的房屋建造资质，有的能建别墅，有的能建多层公寓，还有能力更强的能建摩天大楼，建造工艺也各有区别。但无论如何，开发商规定施工方都应该至少具备三大组件的建造能力，于是施工标准公布出来了，请参看代码清单 6-2。

代码清单 6-2　施工方接口 Builder

```
1.  public interface Builder {
2.
3.      public void buildBasement();
4.
5.      public void buildWall();
6.
7.      public void buildRoof();
8.
9.      public Building getBuilding();
10.
11. }
```

如代码清单6-2所示，施工方接口规定了3个施工标准，它们分别对应建造地基、建造墙体以及建造屋顶，另外，第 9 行还定义了一个获取建筑物的接口 getBuilding()，以供产品的交付。接着，开发商按此标准启动了招标工作，一个别墅施工方中标，请参看代码清单 6-3。

代码清单 6-3　别墅施工方类 HouseBuilder

```
1.  public class HouseBuilder implements Builder {
2.
3.      private Building house;
4.
5.      public HouseBuilder() {
6.          house = new Building();
7.      }
8.
9.      @Override
10.     public void buildBasement() {
11.         System.out.println("挖土方, 部署管道、线缆, 水泥加固, 搭建围墙、花园。");
12.         house.setBasement("┿┿┿┿┿┿┿┿┿\n");
13.     }
14.
15.     @Override
16.     public void buildWall() {
17.         System.out.println("搭建木质框架, 石膏板封墙并粉饰内外墙。");
18.         house.setWall("│田│田 田│\n");
19.     }
20.
21.     @Override
22.     public void buildRoof() {
23.         System.out.println("建造木质屋顶、阁楼, 安装烟囱, 做好防水。");
```

```
24.         house.setRoof("╱▀▀▀▀◣ \n");
25.     }
26.
27.     @Override
28.     public Building getBuilding() {
29.         return house;
30.     }
31.
32. }
```

如代码清单 6-3 所示，这个别墅施工方看起来具备很高的施工水平，对别墅的建造工艺看起来十分考究。不管是建造地基（第 10 行）、建造墙体（第 16 行），还是建造屋顶（第 22 行），别墅施工方都能做到，完全符合开发商公布的施工标准。接下来开发商又考察了一个多层公寓施工方，请参看代码清单 6-4。

代码清单 6-4　多层公寓施工方类 ApartmentBuilder

```
1.  public class ApartmentBuilder implements Builder {
2.
3.      private Building apartment;
4.
5.      public ApartmentBuilder() {
6.          apartment = new Building();
7.      }
8.
9.      @Override
10.     public void buildBasement() {
11.         System.out.println("深挖地基，修建地下车库，部署管道、线缆、风道。");
12.         apartment.setBasement(" � \n");
13.     }
14.
15.     @Override
16.     public void buildWall() {
17.         System.out.println("搭建多层建筑框架，建造电梯井，钢筋混凝土浇灌。");
18.         for (int i = 0; i < 8; i++) {// 此处假设固定8层
19.             apartment.setWall("│ □ □ □ □ │\n");
20.         }
21.     }
22.
23.     @Override
24.     public void buildRoof() {
25.         System.out.println("封顶，部署通风井，做防水层，保温层。");
26.         apartment.setRoof(" ┌─────────┐ \n");
27.     }
28.
29.     @Override
30.     public Building getBuilding() {
31.         return apartment;
32.     }
33.
34. }
```

如代码清单 6-4 所示，多层公寓施工方成功中标，它同别墅施工方一样符合开发商公布的施工标准，但施工方法实现上大相径庭，例如第 10 行建造地基方法实现 buildBasement() 中地基挖得比较扎实，以及第 16 行建造墙体方法 buildWall() 中进行的迭代施工，这里建造的应该是一梯四户（4 个窗户）的 8 层（循环 8 次）公寓楼，其建造工艺与别墅施工方有很大不同。

6.4 工程总监

虽然施工方很好地保证了建筑物三大组件的施工质量，但开发商还是不放心，因为施工方毕竟只负责干活，施工流程无法得到控制。为了解决这个问题，开发商又招聘了一个专业的工程总监来做监理工作，他亲临施工现场指导施工，并把控整个施工流程，请参看代码清单 6-5。

代码清单 6-5 工程总监类 Director

```
1.  public class Director {// 工程总监
2.
3.      private Builder builder;
4.
5.      public Director(Builder builder) {
6.          this.builder = builder;
7.      }
8.
9.      public void setBuilder(Builder builder) {
10.         this.builder = builder;
11.     }
12.
13.     public Building direct() {
14.         System.out.println("=====工程项目启动=====");
15.         // 第一步，打好地基
16.         builder.buildBasement();
17.         // 第二步，建造框架、墙体
18.         builder.buildWall();
19.         // 第三步，封顶
20.         builder.buildRoof();
21.         System.out.println("=====工程项目竣工=====");
22.         return builder.getBuilding();
23.     }
24.
25. }
```

如代码清单 6-5 所示，工程总监的角色就像电影制作中的导演一样，他从宏观上管理项目并指导整个施工队的建造流程。在代码第 13 行的指导方法中，我们依次调用施工

> **注意**
>
> 　　这里我们对工程总监 direct 的指导方法进行了简化，实际应用中的建造流程也许会更加复杂，且组装各个组件的流程有相对固定的逻辑，所以可以从施工方的建造方法中抽离出来并固化在 director 类中。

方的打地基方法 buildBasement()、建造墙体方法 buildWall() 及建筑物封顶方法 buildRoof()，保证了建筑物自下而上的建造工序。可以看到，施工方是在第 9 行由外部注入的，所以工程总监并不关心是哪个施工方来造房子，更不关心施工方有什么样的建造工艺，但他能保证对施工工序的绝对把控，也就是说，工程总监只控制施工流程。

6.5　项目实施

　　至此招标工作结束，一切准备就绪，所有项目干系人（施工方、工程总监）都已就位，可以开始组建项目团队并启动项目了。我们来看开发商如何拿到产品，请参看代码清单 6-6。

代码清单 6-6　开发商客户端类 Client

```
1.   public class Client {
2.
3.       public static void main(String[] args) {
4.           //组建别墅施工队
5.           Director director = new Director(new HouseBuilder());
6.           System.out.println(director.direct());
7.
8.           //替换施工队，建造公寓
9.           director.setBuilder(new ApartmentBuilder());
10.          System.out.println(director.direct());
11.      }
12.
13.  }
```

　　如代码清单 6-6 所示，开发商首先在第 5 行组建了别墅施工队并安排给工程总监进行管理，之后调用其指导方法拿到别墅产品。接着开发商在第 9 行将工程总监管理的施工队替换为多层公寓施工方，最终拿到一栋八层公寓，运行结果如图 6-4 所示。

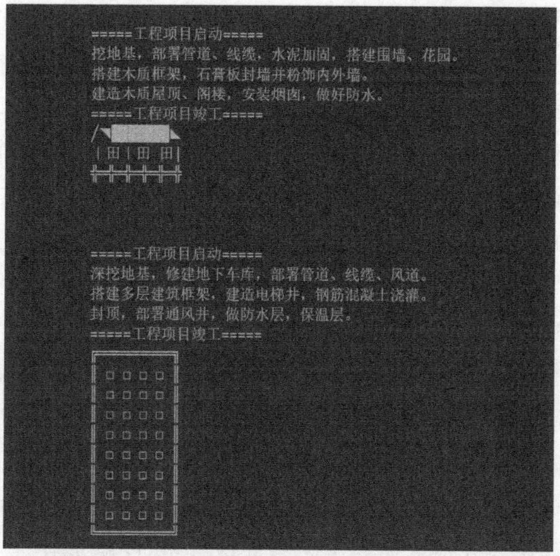

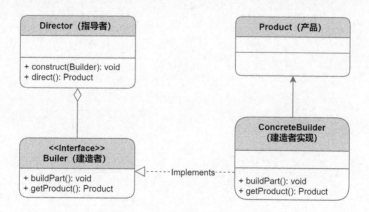

图6-4 运行结果

6.6 工艺与工序

项目团队将建筑物产品交付给开发商，项目终于顺利竣工。施工方接口对施工标准的抽象化、标准化使建造者（施工方）的建造质量达到既定要求，且使各建造者的建造"工艺"能够个性化、多态化。此外，工程总监将工作流程抽离出来独立于建造者，使建造"工序"得到统一把控。最终，各种建筑产品都得到了业主的认可，成功离不开团队的共同协作与努力，请参看建造者模式的类结构，如图6-5所示。

图6-5 建造者模式的类结构

建造者模式的各角色定义如下。

- Product（产品）：复杂的产品类，构建过程相对复杂，需要其他组件组装而成。对应本章例程中的建筑物类。
- Builder（建造者）：建造者接口，定义了构成产品的各个组件的构建标准，通常有多个步骤。对应本章例程中的施工方接口。
- ConcreteBuilder（建造者实现）：具体的建造者实现类，可以有多种实现，负责产品的组装但不包含整体建造逻辑。对应本章例程中的别墅施工方类与多层公寓施工方类。
- Director（指导者）：持有建造者接口引用的指导者类，指导建造者按一定的逻辑进行建造。对应本章例程中的工程总监类。

复杂对象的构建显然需要专业的建造团队，建造标准的确立让产品趋向多样化，其建造工艺可以交给多位建造者去各显其长，而建造工序则交由工程总监去全局把控，把"变"与"不变"分开，使"工艺多样化""工序标准化"，最终实现通过相同的构建过程生产出不同产品，这也是建造者模式要达成的目标。

| 结构篇 |

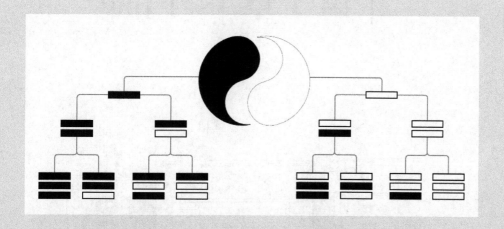

|第 7 章| 门面

门面模式（Facade）可能是最简单的结构型设计模式，它能将多个不同的子系统接口封装起来，并对外提供统一的高层接口，使复杂的子系统变得更易使用。顾名思义，"门"可以理解为建筑物的入口，而"面"则通常指物体的外层表面，比如人脸，如图 7-1 所示。

无论是"门"还是"面"，指代的都是某系统的外观部分，也就是与外界接触的临界面或接口，所以门面模式常常也被翻译为"外观模式"。利用门面模式，我们可以把多个子系统"关"在门里面隐藏起来，成为一个整合在一起的大系统，来自外部的访问只需通过这道"门面"（接口）来进行，而不必再关心门面背后隐藏的子系统

图 7-1 门与面

及其如何运转。总之，无论门面内部如何错综复杂，从门面外部看来总是一目了然，使用起来也很简单。

7.1 一键操作

为了更形象地理解门面模式，我们先来看一个例子。早期的相机使用起来是非常麻烦的，拍照前总是要根据场景情况进行一系列复杂的操作，如对焦、调节闪光灯、调光圈等，非专业人士面对这么一大堆的操作按钮根本无从下手，拍出来的照片质量也不高。随着科技的进步，出现了一种相机，叫作"傻瓜相机"，以形容其使用起来的方便性。用户再也不必学习那些复杂的参数调节了，只要按下快门键就可完成所有操作，如图 7-2 所示。

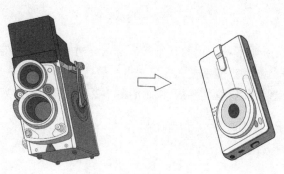

图 7-2 相机的发展

　　显然图 7-2 右侧的 "傻瓜相机" 使用起来方便得多。它对庞大复杂的子系统进行了二次封装，把原本复杂的操作接口全都隐藏起来，并在内部加入逻辑使各参数在拍照前进行自动调节，最终只为外界提供一个简单方便的快门按键，让用户能够 "一键操作"。如此不但可以防止非专业用户的各种误操作，而且大大提高了用户的拍照效率。在我们的生活中还有很多这样的例子，如自动挡汽车对离合及换挡操作的封装，再如全自动洗衣机对浸泡、漂洗、甩干、排水等一系列操作的封装，像这种 "一键操作" 式的设计都与门面模式的理念如出一辙。

7.2　亲自下厨的烦扰

　　既然我们讲的是门面模式，那么以 "商铺门面" 的例子进行代码实战最贴切不过了。对很多人来说，做饭这件事情可能并不简单，所以往往会选择下馆子或者吃泡面，如果要亲自下厨的话就免不了一番折腾。我们首先得买菜、洗菜、切菜，然后进行蒸、煮、炒、炸等烹饪过程，最后还得收拾残局，清理碗筷。假设某天小明决定亲自下厨，但因不会做菜所以请妹妹帮忙。我们将步骤简化为以下 3 步，首先小明找菜贩买菜，然后找妹妹做菜，最后亲自洗碗，具体步骤如图 7-3 所示。

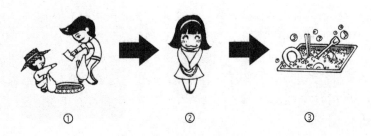

① ② ③

图 7-3　做饭的步骤

　　计划实施起来应该不难，我们开始代码实战。首先我们定义蔬菜商类完成第 1 步，然后让妹妹作为厨房小能手类完成第 2 步，最后小明作为客户端类进行全局操控并完成第 3 步，请参看代码清单 7-1、代码清单 7-2 和代码清单 7-3。

代码清单 7-1　蔬菜商类 VegVendor

```
1.  public class VegVendor {
2.
3.      public void purchase(){
4.          System.out.println("供应蔬菜……");
```

```
5.      }
6.
7.  }
```

代码清单 7-2 厨房小能手类 Helper

```
1.  public class Helper {
2.
3.      public void cook(){
4.          System.out.println("下厨烹饪……");
5.      }
6.
7.  }
```

代码清单 7-3 客户端类 Client

```
1.  public class Client{
2.
3.      public void eat(){
4.          System.out.println("开始用餐……");
5.      }
6.
7.      public void wash(){
8.          System.out.println("洗碗……");
9.      }
10.
11.     public static void main(String[] args) {
12.         //找蔬菜商买菜
13.         VegVendor vegVendor = new VegVendor();
14.         vegVendor.purchase();
15.         //找妹妹下厨
16.         Helper sister = new Helper();
17.         sister.cook();
18.         //客户端用餐
19.         Client client = new Client();
20.         client.eat();
21.         //最后还得洗碗，确实有点麻烦
22.         client.wash();
23.     }
24. }
```

如代码清单 7-1 和代码清单 7-2 所示，蔬菜商类定义供应蔬菜方法，厨房小能手类则定义下厨烹饪方法，代码没有任何难度。我们主要来看代码清单 7-3，小明从第 13 行依次找蔬菜商买菜，再找妹妹下厨，用完餐后小明洗碗收工。代码看起来虽不复杂，但这一顿饭下来够累人的，不但惊扰四方，还要自己亲自擦桌洗碗，但无论换作谁都要经历这一番操作。如果烹饪方法再复杂一些，再加上客户端对各子系统的操作不当，说不定一顿丰盛的大餐会成为黑暗料理，如图 7-4 所示。

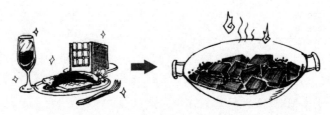

图 7-4 黑暗料理

期盼是美好的，可现实总是残酷的，一系列复杂的操作过程并不像我们想象的那么简单。小明开始意识到，任何事都亲力亲为的做法可能并不合适，难道其他用户也要像小明一样瞻前顾后、折腾一番？这显然会造成代码冗余。专业的事情还是应该交给专业的人去完成，他们会把这些子系统的操作过程封装起来，再以更为便捷的方式提供给用户使用。

7.3 化繁为简

在一些商业街区，门面商铺总是聚集在人流量大的地方，而且门头上霓虹闪烁、招牌醒目，访问的便利性使顾客更加愿意购买这些商铺所提供的产品与服务，这也是一个好的门面总能够招揽更多顾客的原因。以餐饮商铺为例，如图 7-5 所示，为了享受可口的饭菜与优质的服务，小明决定直接访问这家临街门店。

图 7-5 商铺的门面

为了达到高效、便捷的目的，门店会统一对子系统进行整合与调度，至于它对蔬菜商、厨师或服务员等子系统是如何操作的，用户都不必了解。下面我们对代码进行改造，创建外观门面类，请参考代码清单 7-4。

代码清单 7-4 外观门面类 Facade

```
1.  public class Facade {
2.
```

```
3.      private VegVendor vegVendor;
4.      private Chef chef;
5.      private Waiter waiter;
6.      private Cleaner cleaner;
7.
8.      public Facade() {
9.          this.vegVendor = new VegVendor();
10.         //开门前就找蔬菜商准备好蔬菜
11.         vegVendor.purchase();
12.         //雇佣厨师
13.         this.chef = new Chef();
14.         //雇佣服务员
15.         this.waiter = new Waiter();
16.         //雇佣清洁工、洗碗工等
17.         this.cleaner = new Cleaner();
18.     }
19.
20.     public void order(){
21.         //接待，入座，点菜
22.         waiter.order();
23.         //找厨师做饭
24.         chef.cook();
25.         //上菜
26.         waiter.serve();
27.         //收拾桌子，洗碗，以及其他操作
28.         cleaner.clean();
29.         cleaner.wash();
30.     }
31. }
```

如代码清单 7-4 所示，外观门面类内部封装了大量的子系统资源，如蔬菜商、厨师、服务员、洗碗工，并于第 8 行的构造方法中依次对各个子系统进行了初始化操作，也就是说餐厅在开门前需要提前准备好这些资源，以便在第 20 行的点菜方法 order() 中进行依次调度。

需要注意的是，我们对外观门面类进行了一定的代码简化，在实际场景中可能还会包含一些更加复杂的逻辑，这也是餐饮门店要对子系统及其调度进行封装的原因，化繁为简的一站式服务才能解放用户的双手。至此，小明再也不必每日为解决吃饭问题而苦恼了，用户要做的只是登门访问，调用其 order() 方法即可享受现成可口的饭菜了，操作变得简单而优雅。

7.4 整合共享

门面模式不但重要，而且其应用也非常广泛，如在软件项目中，我们做多表数据更新时，业务逻辑层（Service 层）对数据访问层（DAO 层）的调用可能包含多个步

骤，除此之外还要进行事务处理，最终统一对外提供一个 update() 方法，如此一来上层（如控制器 Controller 层）便可一步调用。软件模块应该只专注于各自擅长的领域，合理明确的分工模式才能更好地整合与共享资源。这正是门面模式所解决的问题，其中外观门面类对子系统的整合与共享极大地保证了用户访问的便利性，作为核心模块，其重要性不言而喻，请看门面模式的类结构，如图 7-6 所示。

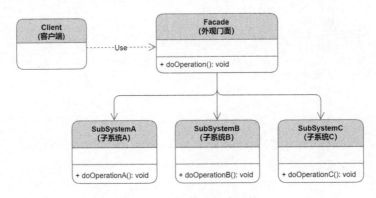

图7-6　门面模式的类结构

门面模式的各角色定义如下。

- Facade（外观门面）：封装了多个子系统，并将它们整合起来对外提供统一的访问接口。
- SubSystemA、SubSystemB、SubSystemC（子系统 A、子系统 B、子系统 C）：隐藏于门面中的子系统，数量任意，且对外部不可见。对应本章例程中的蔬菜商类、厨师类、服务员类等。
- Client（客户端）：门面系统的使用方，只访问门面提供的接口。

对客户端这种"门外汉"来说，直接使用子系统是复杂而烦琐的，门面则充当了包装类的角色，对子系统进行整合，再对外暴露统一接口，使其结构内繁外简，最终达到资源共享、简化操作的目的。从另一方面讲，门面模式也降低了客户端与子系统之间的依赖度，高内聚才能低耦合。

| 第 8 章 |　组合

组合模式（Composite）是针对由多个节点对象（部分）组成的树形结构的对象（整体）而发展出的一种结构型设计模式，它能够使客户端在操作整体对象或者其下的每个节点对象时做出统一的响应，保证树形结构对象使用方法的一致性，使客户端不必关注对象的整体或部分，最终达到对象复杂的层次结构与客户端解耦的目的。

8.1　叉树结构

在现实世界中，某些具有从属关系的事物之间存在着一定的相似性。大家一定见过蕨类植物的叶子吧。如图 8-1 所示，从宏观上看，这只是一片普通的叶子，当继续观察其中一个分支的时候，我们会发现这个分支其实又是一片全新的叶子，当我们再继续观察这片新叶子的一个分支的时候，又会得到相同的结果。

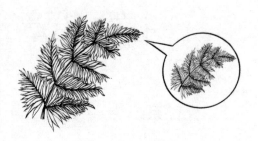

因此，我们可以得出结论，不管从哪个层级观察这片叶子，我们都会得到一个固定的结构，这意味着组成植物叶子的部分或整体都有着相同的生长方式，这正是孢子植物的 DNA 特征。大自然

图8-1　蕨类植物的叶子

中存在的这种奇妙的结构在人类文明中同样有大量应用，例如文字就具有类似的结构，如图 8-2 所示，字可以组成词，词组成句子，句子再组成段落、章节……直至最终成书。

图8-2　文字组合

这种结构类似于经典的"叉树"结构。以最简单的"二叉树"为例，此结构始于其开端的"根"节点，往下分出来两个"枝"节点（左右 2 个节点），接着每个枝节点又可以继续"分枝"，直至其末端的"叶"节点为止，具体结构请参看图 8-3。

不管是二叉树还是多叉树，道理都是一样的。无论数据元素是"根""枝"，还是"叶"，甚至是整体的树，都具有类似的结构。具体来讲，除了叶节点没有子节点，其他节点都具有本级对象包含多个次级子对象的结构特征。所以，我们完全没有必要为每个节点对象定义不同的类（如为字、词、句、段、节、章……等每个节点都定义一个类），否则会造成代码冗余。我们可以用组合模式来表达"部分/整体"的层次结构，提取并抽象其相同的部分，特殊化其不同的部分，以提高系统的可复用性与可扩展性，最终达到以不变应万变的目的。

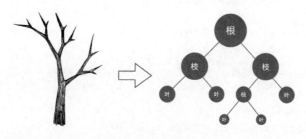

图8-3　二叉树

8.2　文件系统

　　通过对叉树结构的观察，我们发现，无论拿出哪一个"部分"，其与"整体"的结构都是类似的，所以首先我们需要模糊根、枝、叶之间的差异，以实现节点的统一。下面开始代码实战部分，我们就以类似于树结构的文件系统的目录结构为例，如图8-4所示。

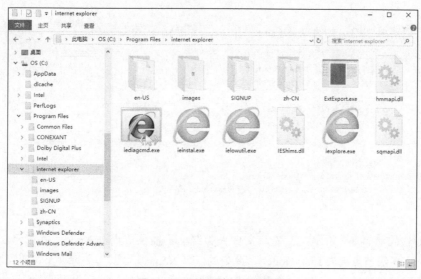

图8-4　文件系统的目录结构

　　文件系统从根目录"C:"开始分支，其下级可以包含"文件夹"或者"文件"，其中文件夹属于"枝"节点，其下级可以继续存放子文件夹或文件，而文件则属于"叶"节点，其下级不再有任何子节点。基于此前的分析，我们可以定义一个抽象的"节点"类来模糊"文件夹"与"文件"，请参看代码清单 8-1。

代码清单 8-1　抽象节点类 Node

```
1.  public abstract class Node {
2.      protected String name;//节点命名
3.
4.      public Node(String name) {//构造方法需传入节点名
5.          this.name = name;
6.      }
7.
8.      //添加下级子节点方法
9.      protected abstract void add(Node child);
10. }
```

　　如代码清单 8-1 所示，文件夹或文件都有一个名字，所以在第 4 行的构造方法中接收并初始化在第 2 行已定义的节点名，否则不允许节点被创建，这也是可以固化下来的逻辑。对于如何实现代码第 9 行中的添加子节点方法 add(Node child) 暂时还不能确定，所以我们声明其为抽象方法，模糊此行为并留给子类去实现。需要注意的是，对于抽象节点类 Node 的抽象方法其实还可以更加丰富，例如"删除节点""获取节点"等，这里为了简化代码只声明了"添加节点"方法。下面我们就来实现文件夹类，此类肩负着确立树形结构的重任，这也是组合模式数据结构的精髓所在，请参看代码清单 8-2。

代码清单 8-2　文件夹类 Folder

```
1.  public class Folder extends Node{
2.      //文件夹可以包含子节点（子文件夹或者文件）
3.      private List<Node> childrenNodes = new ArrayList<>();
4.
5.      public Folder(String name) {
6.          super(name);//调用父类的构造方法
7.      }
8.
9.      @Override
10.     protected void add(Node child) {
11.         childrenNodes.add(child);//可以添加子节点
12.     }
13. }
```

　　如代码清单 8-2 所示，首先，文件夹类继承了抽象节点类 Node，并在第 3 行定义了一个次级节点列表 List<Node>，此处的泛型 Node 既可以是文件夹又可以是文件，也就是说，文件夹下级可以包含任意多个文件夹或者文件。然后，代码第 5 行中的构造方法直接调用父类的构造方法，以初始化其文件夹名。最后，在第 10 行实现了添加子节点方法 add(Node child)，将传入的子节点添加至次级节点列表 List<Node> 中。对于"叶"节点文件类，其作为末端节点，不应该具备添加子节点的功能，我们来看如何定义文件类，请参看代码清单 8-3。

代码清单 8-3　文件类 File

```
1.  public class File extends Node{
2.
3.      public File(String name) {
4.          super(name);
5.      }
6.
7.      @Override
8.      protected void add(Node child) {
9.          System.out.println("不能添加子节点。");
10.     }
11. }
```

如代码清单 8-3 所示，除了第 8 行的添加子节点方法 add(Node child)，文件类与文件夹类的代码大同小异。如之前提到的，文件属于"叶"节点，不能再将这种结构延续下去，所以我们在第 9 行输出一个错误消息，告知用户"不能添加子节点"。其实更好的方式是以抛出异常的形式来确保此处逻辑的正确性，外部如果捕获到该异常则可以做出相应的处理，读者可以自行实践。一切就绪，用户就可以构建目录树了。我们来看客户端类怎样添加节点，请参看代码清单 8-4。

代码清单 8-4　客户端类 Client

```
1.  public class Client {
2.      public static void main(String[] args) {
3.          Node driveD = new Folder("D盘");
4.
5.          Node doc = new Folder("文档");
6.          doc.add(new File("简历.doc"));
7.          doc.add(new File("项目介绍.ppt"));
8.
9.          driveD.add(doc);
10.
11.         Node music = new Folder("音乐");
12.
13.         Node jay = new Folder("周杰伦");
14.         jay.add(new File("双截棍.mp3"));
15.         jay.add(new File("告白气球.mp3"));
16.         jay.add(new File("听妈妈的话.mp3"));
17.
18.         Node jack = new Folder("张学友");
19.         jack.add(new File("吻别.mp3"));
20.         jack.add(new File("一千个伤心的理由.mp3"));
```

```
21.
22.         music.add(jay);
23.         music.add(jack);
24.
25.         driveD.add(music);
26.     }
27. }
```

如代码清单 8-4 所示，正如我们规划文件时常做的操作，第 3 行中用户以“D 盘”文件夹作为根节点构建了目录树，接着从第 5 行开始创建了“文档”和“音乐”两个文件夹作为“枝”节点，再将相应类型的文件分别置于相应的目录下，其中对音乐文件多加了一级文件夹来区分歌手，以便日后分类管理、查找。如此一来，只要能持有根节点对象“D 盘”，就能延伸出整个目录。

8.3 目录树展示

目录树虽已构建完成，但要体现出组合模式的优势还在于如何运用这个树结构。假如用户现在要查看当前根目录下的所有子目录及文件，这就需要分级展示整棵目录树，正如 Windows 系统的“tree”命令所实现的，如图 8-5 所示。

```
C:\Program Files\internet explorer>tree /f
C:.
│  ExtExport.exe
│  hmmapi.dll
│  iediagcmd.exe
│  ieinstal.exe
│  ielowutil.exe
│  IEShims.dll
│  iexplore.exe
│  sqmapi.dll
│
├─en-US
│      hmmapi.dll.mui
│
├─images
│      bing.ico
│
├─SIGNUP
│      install.ins
│
└─zh-CN
        ieinstal.exe.mui
        iexplore.exe.mui
```

图8-5 用tree命令查看目录树

要模拟这种树形展示方式，我们就得在输出节点名称（文件夹名 / 文件名）之前加上数个空格以表示不同层级，但具体加几个空格还是个未知数，需要根据具

体的节点级别而定。而作为抽象节点类则不应考虑这些细节，而应先把这个未知
数作为参数变量传入，我们来修改抽象节点类 Node 并加入展示方法，请参看代码
清单 8-5。

代码清单 8-5　抽象节点类 Node

```
1.  public abstract class Node {
2.      protected String name;//节点命名
3.
4.      public Node(String name) {//构造方法需传入节点名
5.          this.name = name;
6.      }
7.
8.      //添加下级子节点方法
9.      protected abstract void add(Node child);
10.
11.     protected void tree(int space){
12.         for (int i = 0; i < space; i++) {
13.             System.out.print("  ");//先循环输出space个空格
14.         }
15.         System.out.println(name);//接着再输出自己的名字
16.     }
17. }
```

如代码清单 8-5 所示，我们在第 11 行实现了以接收空格数量 space 为传入参数的
展示方法 tree(int space)，其中的循环体会输出 space 个连续的空格，最后再输出节点
名称。因为此处是抽象节点类的实体方法，所以要保持其通用性。我们抽离出所有节
点"相同"的部分作为"公有"的代码块，而"不同"的行为部分则留给子类去实现。
首先来看文件类如何实现，请参看代码清单 8-6。

代码清单 8-6　文件类 File

```
1.  public class File extends Node{
2.
3.      public File(String name) {
4.          super(name);
5.      }
6.
7.      @Override
8.      protected void add(Node child) {
9.          System.out.println("不能添加子节点。");
10.     }
11.
12.     @Override
13.     public void tree(int space){
14.         super.tree(space);
15.     }
16. }
```

如代码清单 8-6 所示，作为末端节点的文件类只需要输出 space 个空格再加上自己的名称即可，这里与父类的展示方法 tree(int space) 应该保持一致，所以我们在第 14 行直接调用父类的展示方法。其实文件类可以不做任何修改，而是直接继承父类的展示方法，此处是为了让读者更清晰直观地看到这种继承关系，同时方便后续做出其他修改。接下来的文件夹类就比较特殊了，它不仅要先输出自己的名字，还要换行再逐个输出子节点的名字，并且要保证空格逐级递增，请参看代码清单 8-7。

代码清单 8-7　文件夹类 Folder

```
1.  public class Folder extends Node{
2.      //文件夹可以包含子节点（子文件夹或者文件）
3.      private List<Node> childrenNodes = new ArrayList<>();
4.
5.      public Folder(String name) {
6.          super(name);//调用父类“节点”的构造方法命名
7.      }
8.
9.      @Override
10.     protected void add(Node child) {
11.         childrenNodes.add(child);//可以添加子节点
12.     }
13.
14.     @Override
15.     public void tree(int space){
16.         super.tree(space);//调用父类通用的tree方法列出自己的名字
17.         space++;//在循环的子节点前，空格数量加1
18.         for (Node node : childrenNodes) {
19.             node.tree(space);//调用子节点的tree方法
20.         }
21.     }
22. }
```

如代码清单 8-7 所示，同样，文件夹类也重写并覆盖了父类的 tree() 方法，并且在第 16 行调用父类的通用 tree() 方法输出本文件夹的名字。接下来的逻辑就非常有意思了，对于下一级的子节点我们需要依次输出，但前提是要把当前的空格数加 1，如此一来子节点的位置会往右偏移一格，这样才能看起来像树形结构一样错落有致。可以看到，在第 19 行的循环体中我们直接调用了子节点的展示方法并把"加 1"后的空格数传递给它即可完成展示。至于当前文件夹下的子节点到底是"文件夹"还是"文件"，我们完全不必操心，因为子节点们会使用自己的展示逻辑。如果它们还有下一级子节点，则与此处逻辑相同，继续循环，把逐级递增的空格数传递下去，直至抵达叶节点为止——始于"文件夹"而终于"文件"，非常完美的递归逻辑。

最后，客户端在任何一级节点上只要调用其展示方法并传入当前目录所需的空格偏移量，就可出现树形列表了，比如若要紧挨控制台左侧展示，客户端则需要以"0"作为偏移量调用根目录的展示方法 tree(0)，输出结果如图 8-6 所示。

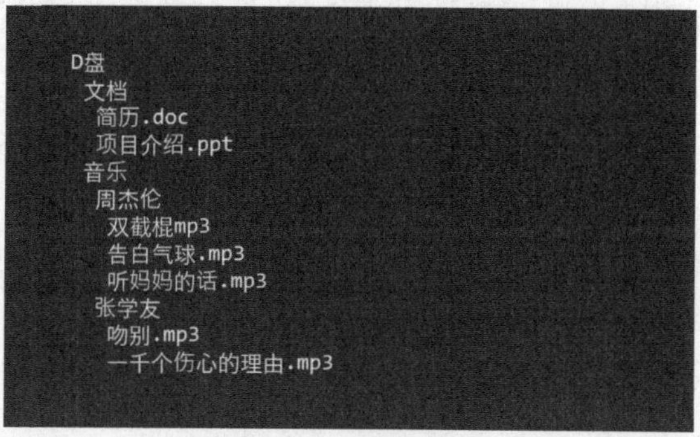

图8-6 输出结果

需要注意的是，空格偏移量这个必传参数可能让用户非常困惑，或许我们可以为抽象节点类添加一个无参的展示方法"tree()"，在其内部调用"tree(0)"，如此一来就不再需要用户传入偏移量了，使用起来更加方便。请参看代码清单 8-8 的抽象节点类在第 19 行做出的改进。

代码清单 8-8　抽象节点类 Node

```
1.  public abstract class Node {
2.      protected String name;//节点命名
3.
4.      public Node(String name) {//构造方法需传入节点名
5.          this.name = name;
6.      }
7.
8.      //增加后续子节点方法
9.      protected abstract void add(Node child);
10.
11.     protected void tree(int space){
12.         for (int i = 0; i < space; i++) {
13.             System.out.print(" ");//先循环输出space个空格
14.         }
15.         System.out.println(name);//接着再输出自己的名字
16.     }
17.
18.     //无参重载方法，默认从第0列开始展示
19.     protected void tree(){
20.         this.tree(0);
21.     }
22. }
```

8.4　自相似性的涌现

组合模式将树形结构的特点发挥得淋漓尽致，作为最高层级抽象的抽象节点类（接口）泛化了所有节点类，使任何"整体"或"部分"达成统一，枝（根）节点与叶节点的多态化实现以及组合关系进一步勾勒出的树形结构，最终使用户操作一触即发，由"根"到"枝"再到"叶"，逐级递归，自动生成。我们来看组合模式的类结构，如图 8-7 所示。

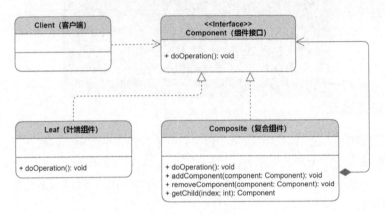

图 8-7　组合模式的类结构

组合模式的各角色定义如下。

- Component（组件接口）：所有复合节点与叶节点的高层抽象，定义出需要对组件操作的接口标准。对应本章例程中的抽象节点类，具体使用接口还是抽象类需根据具体场景而定。
- Composite（复合组件）：包含多个子组件对象（可以是复合组件或叶端组件）的复合型组件，并实现组件接口中定义的操作方法。对应本章例程中作为"根节点 / 枝节点"的文件夹类。
- Leaf（叶端组件）：不包含子组件的终端组件，同样实现组件接口中定义的操作方法。对应本章例程中作为"叶节点"的文件类。
- Client（客户端）：按所需的层级关系部署相关对象并操作组件接口所定义的接口，即可遍历树结构上的所有组件。

冥冥之中，大自然好似存在着某种神秘的规律，类似的结构总是在重复、迭代地显现某种自似性。大到连绵的山川、飘浮的云朵、岩石的断裂口，小到树冠、雪花、菜花，甚至是人类的大脑皮层……自然界中很多事物无不体现出分形理论的神秘，其部分与整体一致的呈现与"组合模式"如出一辙。

　　"一花一世界，一叶一菩提"。世界是纷繁复杂的，然而繁杂中有序，从道家哲学的"道生一"到"三生万物"，从二进制的"0 和 1"到庞杂的软件系统，再从单细胞的生物到高级动物，"分形理论"无不揭示出事物的规律，其部分与整体的结构特征总是以相似的形式呈现，分形理论如此，组合模式亦是如此。

扩展阅读：隐藏于海岸线中的秘密

　　1967 年，Mandelbrot 在美国的《科学》杂志上发表了题为《英国的海岸线有多长？统计自相似性和分数维度》的著名论文，文中以测量英国的海岸线作为研究课题并得出结论。精准测量海岸线的长度远远比我们想象的复杂，大到一块石头，小到一颗沙粒都要进行测量。然而当你把 100 千米长的海岸线放大 10 倍后，会发现结果惊人地相似，这说明海岸线拥有在形态上的自相似性，也就是局部形态和整体形态的相似。

| 第 9 章 | 　装饰器

　　装饰指在某物件上装点额外饰品的行为，以使其原本朴素的外表变得更加饱满、华丽，而装饰器（装饰者）就是能够化"腐朽"为神奇的利器。装饰器模式（Decorator）能够在运行时动态地为原始对象增加一些额外的功能，使其变得更加强大。从某种程度上讲，装饰器非常类似于"继承"，它们都是为了增强原始对象的功能，区别在于方式的不同，后者是在编译时（compile-time）静态地通过对原始类的继承完成，而前者则是在程序运行时（run-time）通过对原始对象动态地"包装"完成，是对类实例（对象）"装饰"的结果。

9.1 室内装潢

　　既然是装饰器，那么它一定能对客体进行一番加工，并在不改变其原始结构的前提下使客体功能得到扩展、增强。以室内装潢为例，如图 9-1 所示，要从毛坯房到精装房少不了"装饰"。

　　装修风格多种多样，如简约、北欧、地中海、美式和中式等。当然，萝卜青菜各有所爱，每个人的审美取向不尽相同。朴素的毛坯房能给业主留有更大的装修选择空间，以根据自己的喜好进行二次加工。如果开发商出售的是已经装修好的房子，那么就得提供更多选项如"简装房""精装房""欧式精装房""现代中式房"等供业主选择，这种固化下来的商品模式（编译时继承）就显得非常死板，而"买毛坯，送装修"的模式则更加灵活，这也是二手房产市场中毛坯房更加受欢迎的一

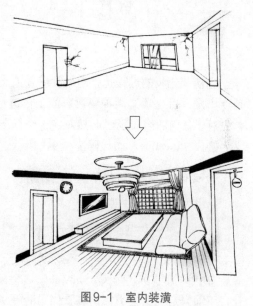

图9-1　室内装潢

个原因。成品一定是由半成品加工而成的，灵活多变的装饰才会带来更多的可能，因此装饰器模式应运而生。

9.2 从素面朝天到花容月貌

　　室内装修对房屋视觉效果的改善立竿见影，人们化妆也是如此，"人靠衣装马靠

鞍"，人们总是惊叹女生们魔法师一般的化妆技巧，可以从素面朝天变成花容月貌（如图 9-2 所示），化妆前后简直判若两人，这正是装饰器的粉饰效果在发挥作用。

图 9-2 化妆带来魔法功效

当然，化妆的过程也许对软件研发人员来说比较陌生，但我们可以从设计模式的角度出发，对这项充满神秘色彩的工作进行拆解和分析。下面开始我们的代码实战，首先对于任何妆容展示者必然对应一个标准的展示行为 show()，我们将它抽象出来定义为接口 Showable，如代码清单 9-1 所示。

代码清单 9-1　可展示者 Showable

```
1.  public interface Showable {
2.
3.      public void show();//标准展示行为
4.
5.  }
```

如代码清单 9-1 所示，Showable 这个标准行为需要人去实现，女生们绝对当仁不让，下面来定义女生类，请参看代码清单 9-2。

代码清单 9-2　女生类 Girl

```
1.  public class Girl implements Showable{
2.
3.      @Override
4.      public void show() {
5.          System.out.print("女生的素颜");
6.      }
7.
8.  }
```

如代码清单 9-2 所示，女生类在第 5 行中实现了其展示行为，因为目前还没有任何化妆效果，所以展示的只是女生的素颜。如果客户端直接调用 show() 方法，就会出现素面朝天的结果，这样就达不到我们要的妆容效果了。所以重点来了，此刻我们得借助"化妆品"这种工具来开始这场化妆仪式，如图 9-3 所示。

图 9-3　粉底与口红

化妆品对于女生的妆容效果起着至关重要的作用，我们就称之为"装饰器"吧，请参看代码清单 9-3。

代码清单 9-3　化妆品装饰器类 Decorator

```
1.  public class Decorator implements Showable{
2.
3.      Showable showable;//被装饰的展示者
4.
5.      public Decorator(Showable showable) {//构造时注入被装饰者
6.          this.showable = showable;
7.      }
8.
9.      @Override
10.     public void show() {
11.         System.out.print("粉饰【");//化妆品粉饰开始
12.         showable.show();//被装饰者的原生展示方法
13.         System.out.print("】");//粉饰结束
14.     }
15.
16. }
```

如代码清单 9-3 所示，化妆品装饰器类与女生类一样也实现了标准行为展示接口 Showable，这说明它同样能够进行展示，只是方式可能比较独特。第 5 行的构造方法中，化妆品装饰器类在构造自己的时候可以把其他可展示者注入进来并赋给在第 3 行定义的引用。如此一来，化妆品装饰器类中包含的这个可展示者就成为一个"被装饰者"的角色了。注意第 10 行的展示方法 show()，化妆品装饰器类不但调用了"被装饰者"的展示方法，而且在其前后加入了自己的"粉饰效果"，这就像加了一层"壳"一样，包裹了被装饰对象。最后，我们来看客户端类的运行结果，请参看代码清单 9-4。

代码清单 9-4   客户端类 Client

```
1.  public class Client {
2.
3.      public static void main(String[] args) {
4.          //用装饰器包裹女孩后再展示
5.          new Decorator(new Girl()).show();
6.
7.          //运行结果：粉饰【女生的素颜】
8.      }
9.
10. }
```

如代码清单 9-4 所示，客户端类代码干净、利落，我们在第 5 行将构造出来的女生类实例作为参数传给化妆品装饰器类的构造方法，这就好像为女生外表包裹了一层化妆品一样，对象结构非常生动、形象。接着，我们调用的是化妆品的展示方法 show()，第 6 行的运行结果立竿见影，除女生自己的素颜展示结果之外还加上了额外的化妆效果。

9.3 化妆品的多样化

至此，我们已经完成了基本的装饰工作，可是装饰器中只有一个简单的"粉饰"效果，这未免过于单调，我们是否忘记了"口红"的效果？除此之外，可能还会有"眼线""睫毛膏""腮红"等各种各样的化妆品，如图 9-4 所示。

如何让我们的装饰器具备以上所有装饰功效呢？有些读者可能会想到，把这些装饰操作统统加入化妆品装饰器类中，一次搞定所有化妆操作。这样的做法必然是错误的，试想，难道每位女生都习惯于如此浓妆艳抹

图9-4   各种多样的化妆品

吗？化妆品的多样性决定了装饰器应该是多态化的，单个装饰器应该只负责自己的化妆功效，例如口红只用于涂口红，眼线笔只用于画眼线，把化妆品按功能分类才能让用户更加灵活地自由搭配，用哪个或不用哪个由用户自己决定，而不是把所有功能都固化在同一个装饰器里。

可能又有读者提出了别的解决方案，化妆品装饰器类已经是展示接口 Showable 的实现了，这本身已经使多态化成为了可能，那么让所有化妆品类都实现 Showable 接口不就行了吗？没错，但还记得化妆品装饰器类中出现的被装饰者引用（代码清单 9-3

的第 3 行）吗？有没有想过，难道每个化妆品类里都要引用这个被装饰者吗？粉底类里需要加入，口红类里也需要加入……这显然会导致代码冗余。

诚然，Showable 接口是能够满足多态化需求的，但它只是对行为接口的一种规范，极度的抽象并不具备对代码继承的功能，所以化妆品的多态化还需要接口与抽象类的搭配使用才能两全其美。装饰器类的抽象化势在必行，我们来看如何重构它，请参看代码清单 9-5。

代码清单 9-5　装饰器抽象类 Decorator

```
1.  public abstract class Decorator implements Showable{
2.
3.      protected Showable showable;
4.
5.      public Decorator(Showable showable) {
6.          this.showable = showable;
7.      }
8.
9.      @Override
10.     public void show() {
11.         showable.show();//直接调用不加任何装饰
12.     }
13.
14. }
```

如代码清单 9-5 所示，我们将化妆品装饰器类修改为装饰器抽象类，这主要是为了不允许用户直接实例化此类。接着我们重构了第 10 行的展示方法 show()，其中只是调用了被装饰者的 show() 方法，而不再做任何装饰操作，至于具体如何装饰则属于其子类的某个化妆品类的操作范畴了，例如之前的"打粉底"操作，我们将其分离出来独立成类，请参看代码清单 9-6。

代码清单 9-6　粉底类 FoundationMakeup

```
1.  public class FoundationMakeup extends Decorator{
2.
3.      public FoundationMakeup(Showable showable) {
4.          super(showable);//调用抽象父类的构造注入
5.      }
6.
7.      @Override
8.      public void show() {
9.          System.out.print("打粉底【");
10.         showable.show();
11.         System.out.print("】");
12.     }
13. }
```

如代码清单 9-6 所示，粉底类不用去实现 Showable 接口了，而是继承了装饰器抽象类，如此父类中对被装饰者的定义得以继承，可以看到我们在第 4 行的构造方法中调用了父类的构造方法并注入被装饰者，这便是继承的优势所在。当然，这个粉底类的 show() 方法一定要加上自己特有的操作，如第 9 行至第 11 行所示，我们在调用被装饰者的 show() 方法前后都进行了打粉底操作。化妆尚未结束，打完粉底再涂个口红吧，请参看代码清单 9-7 口红类。

代码清单 9-7   口红类 Lipstick

```
1.  public class Lipstick extends Decorator{
2.
3.      public Lipstick(Showable showable) {
4.          super(showable);
5.      }
6.
7.      @Override
8.      public void show() {
9.          System.out.print("涂口红【");
10.         showable.show();
11.         System.out.print("】");
12.     }
13. }
```

如代码清单 9-7 所示，与粉底类同出一辙，口红类只是进行了自己特有的"涂口红"操作。最后，客户端可以依次把被装饰者"女生"、装饰器"粉底"、装饰器"口红"用构造方法层层包裹起来，再进行展示即可完成整体化妆工作，请参看代码清单 9-8。

代码清单 9-8   客户端类 Client

```
1.  public class Client {
2.      public static void main(String[] args) {
3.          //口红包裹粉底，粉底再包裹女生
4.          Showable madeupGirl = new Lipstick(new FoundationMakeup(new Girl()));
5.          madeupGirl.show();
6.          //运行结果：涂口红【打粉底【女生的脸庞】】
7.      }
8.  }
```

如代码清单 9-8 所示，客户端类的第 4 行中出现了多层的构造方法操作，接着在第 5 行只调用装饰好的 madeupGirl 对象的展示方法 show()，所有装饰效果一触即发，层层递归。需要注意的是一系列构造产生的顺序，我们最终得到的 madeupGirl 对象本质上引用的是口红，口红里包裹了粉底，粉底里又包裹了女生，正如第 6 行运行结果所示的化妆效果一样。

至此，装饰器模式重构完毕，化妆品多态化得以顺利实现。如果用户对这些淡妆效果不够满意，我们还可以接着添加其他化妆品类，以便用户自由搭配出自己的理想

效果，使"清新淡妆"或"浓妆艳抹"均成为可能。

9.4　无处不在的装饰器

通过对装饰器模式的学习，读者是否觉得这种如同"俄罗斯套娃"一般层层嵌套的结构似曾相识？有些读者可能已经想到了，没错，其实装饰器模式在 Java 开发工具包（Java Development Kit，JDK）里就有大量应用，例如"java.io"包里一系列的流处理类 InputStream、FileInputStream、BufferedInputStream、ZipInputStream 等。举个例子，当对压缩文件进行解压操作时，我们就会用构造器嵌套结构进行文件流装饰，请参看代码清单 9-9。

代码清单 9-9　I/O 流处理类的应用

```
1.   File file = new File("/压缩包.zip");
2.   //开始装饰
3.   ZipInputStream zipInputStream = new ZipInputStream(
4.       new BufferedInputStream(
5.           new FileInputStream(file)
6.       )
7.   );
```

如代码清单 9-9 所示，在第 5 行，我们首先以文件 file 初始化并构造文件输入流 FileInputStream，然后外层用缓冲输入流 BufferedInputStream 进行装饰，使文件输入流具备内存缓冲的功能，最外层再用压缩包输入流 ZipInputStream 进行最终装饰，使文件输入流具备 Zip 格式文件的功能，之后我们就可以对压缩包进行解压操作了。当然，针对不同场景，Java I/O 提供了多种流操作处理类，让各种装饰器能被混搭起来以完成不同的任务。

9.5　自由嵌套

Java 类库中对装饰器模式的应用当然要比我们的例程复杂得多，但基本思想其实是一致的。装饰器模式最终的目的就在于"装饰"对象，其中装饰器抽象类扮演着至关重要的角色，它实现了组件的通用接口，并且使自身抽象化以迫使子类继承，使装饰器固定特性的延续与多态化成为可能。我们来看装饰器模式的类结构，如图 9-5 所示。装饰器模式的各角色定义如下。

- Component（组件接口）：所有被装饰组件及装饰器对应的接口标准，指定进行装饰的行为方法。对应本章例程中的展示接口 Showable。

- **ConcreteComponent**（组件实现）：需要被装饰的组件，实现组件接口标准，只具备自身未被装饰的原始特性。对应本章例程中的女生类 Girl。
- **Decorator**（装饰器）：装饰器的高层抽象类，同样实现组件接口标准，且包含一个被装饰的组件。
- **ConcreteDecorator**（装饰器实现）：继承自装饰器抽象类的具体子类装饰器，可以有多种实现，在被装饰组件对象的基础上为其添加新的特性。对应本章例程中的粉底类 FoundationMakeup、口红类 Lipstick。

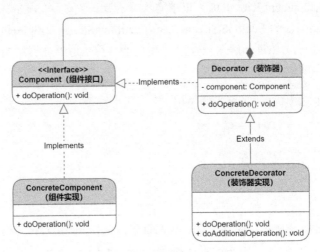

图 9-5　装饰器模式的类结构

　　客户需求是多变且无法预估的，要实现不同功能的自由组合，以"继承"的方式来完成是不现实的，会造成子类泛滥，维护或扩展起来举步维艰。试想，本章例程中用户可能需要"涂口红的女生"或"打粉底的女生"，也可能需要"打粉底再涂口红的女生"或"涂口红再打粉底的女生"。这 2 种化妆品就产生了女生类的 4 个子类，如果再增加些化妆品的话，罗列所有功能模块的排列组合会是一个不可能完成的任务。而装饰器模式可以将不同功能的单个模块规划至不同的装饰器类中，各装饰器类独立自主，各司其职。客户端可以根据自己的需求自由搭配各种装饰器，每加一层装饰就会有新的特性体现出来，巧妙的设计让功能模块层层叠加，装饰之上套装饰，最终使原始对象的特性动态地得到增强。

| 第 10 章 | 适配器

适配器模式（Adapter）通常也被称为转换器，顾名思义，它一定是进行适应与匹配工作的物件。当一个对象或类的接口不能匹配用户所期待的接口时，适配器就充当中间转换的角色，以达到兼容用户接口的目的，同时适配器也实现了客户端与接口的解耦，提高了组件的可复用性。

10.1 跨越鸿沟靠适配

对象是多样化的，对象之间通过信息交换，也就是互动、沟通，世界才充满生机，否则就是死水一潭。人类最常用的沟通方式就是语言，两个人对话时，一方通过嘴巴发出声音，另一方则通过耳朵接收这些语言信息，所以嘴巴和耳朵（接口）必须兼容同一种语言（参数）才能达到沟通的目的。试想，我们跟不懂中文的人讲中文一定是徒劳的，因为对方根本无法理解我们在讲什么，更不要说人类和动物对话了，接口不兼容的结果就是对牛弹琴，如图 10-1 所示。

图 10-1 对牛弹琴

要跨越语言的鸿沟就必须找个会两种语言的翻译，将接口转换才能使沟通进行下去，我们将翻译这个角色称为适配器。适配器在我们生活中非常常见，如内存卡转换器、手机充电器、各种 USB 接口适配器等，再如我们上网用的调制解调器，它能够进行数模转换，让互联网服务提供商（ISP）与用户之间的网络接口互相适配与兼容，最终使两端进行正常通信。

10.2　插头与插孔的冲突

举一个生活中常见的实例，我们新买了一台电视机，其电源插头是两相的，不巧的是墙上的插孔却是三相的，这时电视机便无法通电使用。我们以代码来重现这个场景，首先得将墙上的三相插孔接口确立下来，请参看代码清单 10-1。

代码清单 10-1　三相插孔接口 TriplePin

```java
1.  public interface TriplePin {
2.      //参数分别为火线、零线、地线
3.      public void electrify(int l, int n, int e);
4.
5.  }
```

如代码清单 10-1 所示，我们为三相插孔接口 TriplePin 定义了一个三插通电标准 electrify()，其中 3 个参数 l、n、e 分别对应火线（live）、零线（null）和地线（earth）。同样，我们定义两相插孔接口，请参看代码清单 10-2。

代码清单 10-2　两相插孔接口 DualPin

```java
1.  public interface DualPin {
2.      //这里没有地线
3.      public void electrify(int l, int n);
4.
5.  }
```

如代码清单 10-2 所示，与三相插孔接口所不同的是，两相插孔接口 DualPin 定义的是 2 个参数的通电标准，可以看到 electrify() 的参数中缺少了地线 e。插孔接口定义完毕，接下来可以定义电视机类了。如之前提到的，电视机的两相插头是两插标准，所以它实现的是两相插孔接口 DualPin，请参看代码清单 10-3。

代码清单 10-3　电视机类 TV

```java
1.  public class TV implements DualPin {
2.
3.      @Override
4.      public void electrify(int l, int n) {
5.          System.out.print("火线通电：" + l + ", 零线通电：" + n);
6.          System.out.println("电视开机");
7.      }
8.
9.  }
```

如代码清单 10-3 所示，因为电视机类 TV 实现了两相插孔接口 DualPin，所以代码第 4 行的通电方法 electrify() 只接通火线与零线，然后开机。代码很简单，而

目前我们面临的问题是，墙上的接口是三相插孔，而电视机实现的是两相插孔，二者无法匹配，如代码清单 10-4 所示，客户端无法将两相插头与三相插孔完成接驳。

代码清单 10-4　客户端类 Client

```
1.  public class Client {
2.
3.      public static void main(String[] args) {
4.          TriplePin triplePinDevice = new TV(); //接口不兼容，此处报错"类型不匹配"
5.      }
6.
7.  }
```

10.3　通用适配

针对接口不兼容的情况，可能有人会提出比较极端的解决方案，就是把插头掰弯强行适配，若是三相插头接两相插孔的话，就把零线插针拔掉。虽然目的达到了，但经过这么一番暴力修改，插头也无法再兼容其原生接口了，这显然是违背设计模式原则的。

为了不破坏现有的电视机插头，我们需要一个适配器来做电源转换，有了它我们便可以顺利地把电视机两相插头转接到墙上的三相插孔中了，如图 10-2 所示。

图 10-2 中间的适配器就像翻译一样，其插孔兼容右侧的两相插头，而其插头则兼容左侧的三相插孔，集两种接口于一身，承

图 10-2　电源插头适配器

上启下，解决了接口间的冲突问题。我们来定义这个适配器，请参看代码清单 10-5。

代码清单 10-5　适配器类 Adapter

```
1.  public class Adapter implements TriplePin {
2.
3.      private DualPin dualPinDevice;
4.
5.      //创建适配器时，需要把两插设备接入进来
6.      public Adapter(DualPin dualPinDevice) {
7.          this.dualPinDevice = dualPinDevice;
8.      }
9.
10.     //适配器实现的是目标接口
```

```
11.        @Override
12.        public void electrify(int l, int n, int e) {
13.            //调用被适配设备的两插通电方法,忽略地线参数e
14.            dualPinDevice.electrify(l, n);
15.        }
16.
17. }
```

如代码清单 10-5 所示,与电视机类不同的是,适配器类 Adapter 实现的是三相插孔接口,这意味着它能够兼容墙上的三相插孔了。注意代码第 3 行定义的两相插孔的引用,我们在第 6 行的构造方法中对其进行初始化,也就是说,适配器中嵌入一个两相插孔,任何此规格的设备都是可以接入进来的。最后,在第 12 行实现的三相插孔通电方法中,适配器转去调用了接入的两插设备,并且丢弃了地线参数 e,这就完成了三相转两相的调制过程,最终达到适配效果。至此,这个适配器就可以将任意两插设备匹配到三相插孔上了。我们来看如何让电视机接通电源,请参看代码清单 10-6。

代码清单 10-6 客户端类 Client

```
1.  public class Client {
2.
3.      public static void main(String[] args) {
4.          //TriplePin triplePinDevice = new TV(); //接口不兼容,此处报错 "类型不匹配"
5.          DualPin dualPinDevice = new TV();//构造两插电视机
6.          TriplePin triplePinDevice = new Adapter(dualPinDevice);//适配器接驳两端
7.          triplePinDevice.electrify(1, 0, -1);//此处调用的是三插通电标准
8.          //输出结果:
9.          //火线通电:1,零线通电:0
10.         //电视开机
11.     }
12.
13. }
```

如代码清单 10-6 所示,客户端类在第 5 行构造的是两插标准的电视机对象,接着给构造好的适配器注入电视机对象(将电视机两相插头插入适配器),并将其赋给三相插孔接口(将匹配好的适配器插入墙上的三相插孔)。最后,我们直接调用三插通电方法给电视机供电,如第 9 行的输出结果所示,表面上看我们使用的是三插通电标准,而实际上是用两插标准为电视机供电(只使用了火线与零线),最终电视机顺利开启,两插标准的电视机与三相插孔接口成功得以适配。需要注意的是,适配器并不关心接入的设备是电视机、洗衣机还是电冰箱,只要是两相插头的设备均可以进行适配,所以说它是一种通用的适配器。

10.4　专属适配

　　除了 10.3 节所讲的"对象适配器"，我们还可以用"类适配器"实现接口的匹配，这是实现适配器模式的另一种方式。顾名思义，既然是类适配器，那么一定是属于某个类的"专属适配器"，也就是在编码阶段已经将被匹配的设备与目标接口进行对接了。我们继续之前的例子，请参看代码清单 10-7。

代码清单 10-7　电视机专属适配器类 TVAdapter

```
1.  public class TVAdapter extends TV implements TriplePin{
2.
3.      @Override
4.      public void electrify(int l, int n, int e) {
5.          super.electrify(l, n);
6.      }
7.
8.  }
```

　　类适配器模式实现起来更简单，如代码清单 10-7 所示，电视机专属适配器类中并未包含被适配对象（如电视机）的引用，而是在开始定义类的时候就直接继承自电视机了，此外还一并实现了三相插孔接口。接着在第 4 行的三插通电方法中，我们利用"super"关键字调用父类（电视机类 TV）定义的两插通电方法，以实现适配。下面我们来使用这个类适配器，请参看代码清单 10-8。

代码清单 10-8　客户端类 Client

```
1.  public class Client {
2.
3.      public static void main(String[] args) {
4.          //TriplePin triplePinDevice = new TV(); //此处接口无法兼容
5.          TriplePin tvAdapter = new TVAdapter();//电视机专属三插适配器插入三相插孔
6.          tvAdapter.electrify(1, 0, -1);//此处调用的是三插通电标准
7.          //输出结果：
8.          //火线通电：1，零线通电：0
9.          //电视开机
10.     }
11.
12. }
```

　　如代码清单 10-8 所示，第 5 行我们直接将实例化后的适配器对象接入墙上的三相插孔，接着直接通电使用即可。如输出结果所示，类适配器模式不但使用起来更加简单，而且其效果与对象适配器模式毫无二致。

　　然而，这个类适配器是继承自电视机的子类，在类定义的时候就已经与电视机完成了接驳，也就是说，类适配器与电视机的继承关系让它固化为一种专属适配器，这

就造成了继承耦合，倘若我们需要适配其他两插设备，它就显得无能为力了。例如要适配两相插头的洗衣机，我们就不得不再写一个"洗衣机专属适配器"，这显然是一种代码冗余，说明适配器兼容性差。

当然，事物没有绝对的好与坏，对象适配器与类适配器各有各的适用场景。假如我们只需要匹配电视机这一种设备，并且未来也没有任何其他的设备扩展需求，那么类适配器使用起来可能更加简便，所以具体用什么、怎么用还要视具体情况而定，切不要有过分偏执、非黑即白的思想。

10.5 化解难以调和的矛盾

众所周知，反复修改代码的代价是巨大的，因为所有依赖关系都要受到牵连，这不但会引入更多没有必要的重构与测试工作，而且其波及范围难以估量，可能会带来不可预知的风险，结果得不偿失。适配器模式让兼容性问题在不必修改任何代码的情况下得以解决，其中适配器类是核心，我们首先来看对象适配器模式的类结构，如图 10-3 所示。

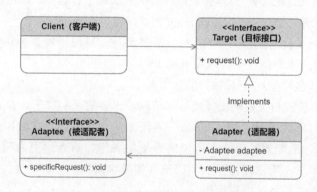

图 10-3 对象适配器模式的类结构

对象适配器模式的各角色定义如下。

- Target（目标接口）：客户端要使用的目标接口标准，对应本章例程中的三相插孔接口 TriplePin。
- Adapter（适配器）：实现了目标接口，负责适配（转换）被适配者的接口 specificRequest() 为目标接口 request()，对应本章例程中的电视机专属适配器类 TVAdapter。
- Adaptee（被适配者）：被适配者的接口标准，目前不能兼容目标接口的问题接口，可以有多种实现类，对应本章例程中的两相插孔接口 DualPin。

■ Client（客户端）：目标接口的使用者。

下面是类适配器模式的类结构，请参看图 10-4。

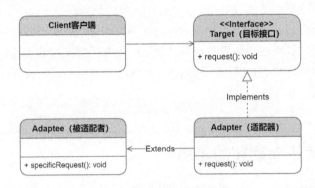

图 10-4 类适配器模式的类结构

类适配器模式的各角色定义如下。

■ Target（目标接口）：客户端要使用的目标接口标准，对应本章例程中的三相插孔接口 TriplePin。

■ Adapter（适配器）：继承自被适配者类且实现了目标接口，负责适配（转换）被适配者的接口 specificRequest() 为目标接口 request()。

■ Adaptee（被适配者）：被适配者的类实现，目前不能兼容目标接口的问题类，对应本章例程中的电视机类 TV。

■ Client（客户端）：目标接口的使用者。

对象适配器模式与类适配器模式基本相同，二者的区别在于前者的 Adaptee（被适配者）以接口形式出现并被 Adapter（适配器）引用，而后者则以父类的角色出现并被 Adapter（适配器）继承，所以前者更加灵活，后者则更为简便。其实不管何种模式，从本质上看适配器至少都应该具备模块两侧的接口特性，如此才能承上启下，促成双方的顺利对接与互动，如图 10-5 所示。

成功利用适配器模式对系统进行扩展后，我们就不必再为解决兼容性问题去暴力修改类接口了，转而通过适配器，以更为优雅、巧妙的方式将两侧"对立"的接口"整合"在一起，顺利化解双方难以调和的矛盾，最终使它们顺利接通。

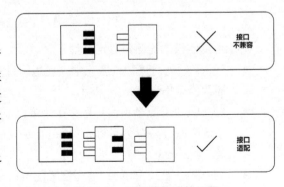

图 10-5 适配器解决的问题

|第 11 章| 享元

计算机世界中无穷无尽的可能，其本质都是由 1 和 0 两个"元"的组合变化而产生的。元，顾名思义，始也，有本初、根源的意思。"享元"则是共享元件的意思。享元模式的英文 flyweight 是轻量级的意思，这就意味着享元模式能使程序变得更加轻量化。当系统存在大量的对象，并且这些对象又具有相同的内部状态时，我们就可以用享元模式共享相同的元件对象，以避免对象泛滥造成资源浪费。

11.1 马赛克

除了计算机世界，我们的真实世界也充满了各种"享元"的应用。很多人一定有过装修房子的经历，装修离不开瓷砖、木地板、马赛克等建筑材料。针对不同的房间会选择不同材质、花色的单块地砖或墙砖拼接成一个完整的面，尤其是马赛克这种建筑材料拼成的图案会更加复杂，近看好像显示器像素一样密密麻麻地排列在一起，如图 11-1 所示。

虽然马赛克小块数量比较多，但经过观察我们会发现，归类后只有 4 种：黑色块、灰色块、灰白色块以及白色块。我们可以说，这就是 4 个"元"色块。

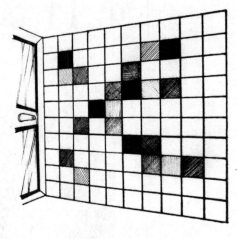

图 11-1 马赛克

11.2 游戏地图

在早期的 RPG（角色扮演类）游戏中，为了营造出不同的环境氛围，游戏的地图系统可以绘制出各种各样的地貌特征，如河流、山川、草地、沙漠、荒原，以及人造的房屋、道路、围墙等。为了避免问题的复杂化，我们就以草原地图作为范例，如图 11-2 所示。

对于图 11-2 所示的游戏地图，如果我们加载一整张图片并显示在屏幕上，游戏场景的加载速度一定会比较慢，而且组装地图的灵活性也会大打折扣，后期主角的移动碰撞逻辑还要提前对碰撞点坐标进行标记，这种设计显然不够妥当。正如之前探讨过的马赛克，我们可以发现整张游戏地图都是由一个个小的单元图块组成的，其中除房屋比较大之外，其他图块的尺寸都一样，它们分别为河流、草地、道路，这些图块便是 4 个元图块，如图 11-3 所示。

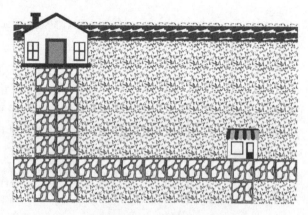

图 11-2　游戏地图

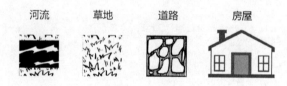

图 11-3　元图块

11.3　卡顿的加载过程

在开始代码实战之前，我们先思考怎样去建模。首先我们应该定义一个图块类来描述图块，具体属性应该包括"图片"和"位置"信息，并且具备按照这些信息去绘制图块的能力，请参看代码清单 11-1。

代码清单 11-1　图块类 Tile

```
1.  public class Tile {
2.
3.      private String image;//图块所用的材质图
4.      private int x, y;//图块所在坐标
5.
6.      public Tile(String image, int x, int y) {
7.          this.image = image;
```

```
8.          System.out.print("从磁盘加载[" + image + "]图片，耗时半秒……");
9.          this.x = x;
10.         this.y = y;
11.     }
12.
13.     public void draw() {
14.         System.out.println("在位置[" + x + ":" + y + "]上绘制图片:[" + image + "]");
15.     }
16.
17. }
```

图块类看起来非常简单直观，代码清单 11-1 的第 3 行定义了图块的材质图对象的引用，此处我们用 String 来模拟。第 4 行定义了图块所在游戏地图的横坐标与纵坐标：*x* 与 *y*。第 7 行开始在构造方法中进行图片与坐标的初始化。此时我们把图片加载到内存，如 I/O 操作要耗费半秒时间，我们在第 8 行模拟输出。最后是第 13 行的绘制方法，能够把图片按照坐标位置显示在游戏地图上。一切就绪，开始测试绘制一些图块，请参看代码清单 11-2 的客户端运行情况。

代码清单 11-2   客户端类 Client

```
1.  public class Client {
2.
3.      public static void main(String[] args) {
4.          //在地图第一行随便绘制一些图块
5.          new Tile("河流", 10, 10).draw();
6.          new Tile("河流", 10, 20).draw();
7.          new Tile("道路", 10, 30).draw();
8.          new Tile("草地", 10, 40).draw();
9.          new Tile("草地", 10, 50).draw();
10.         new Tile("草地", 10, 60).draw();
11.         new Tile("草地", 10, 70).draw();
12.         new Tile("草地", 10, 80).draw();
13.         new Tile("道路", 10, 90).draw();
14.         new Tile("道路", 10, 100).draw();
15.
16.         /* 运行结果
17.         从磁盘加载[河流]图片，耗时半秒……在位置[10:10]上绘制图片:[河流]
18.         从磁盘加载[河流]图片，耗时半秒……在位置[10:20]上绘制图片:[河流]
19.         从磁盘加载[道路]图片，耗时半秒……在位置[10:30]上绘制图片:[道路]
20.         从磁盘加载[草地]图片，耗时半秒……在位置[10:40]上绘制图片:[草地]
21.         从磁盘加载[草地]图片，耗时半秒……在位置[10:50]上绘制图片:[草地]
22.         从磁盘加载[草地]图片，耗时半秒……在位置[10:60]上绘制图片:[草地]
23.         从磁盘加载[草地]图片，耗时半秒……在位置[10:70]上绘制图片:[草地]
24.         从磁盘加载[草地]图片，耗时半秒……在位置[10:80]上绘制图片:[草地]
25.         从磁盘加载[道路]图片，耗时半秒……在位置[10:90]上绘制图片:[道路]
26.         从磁盘加载[道路]图片，耗时半秒……在位置[10:100]上绘制图片:[道路]
27.         */
28.     }
29.
30. }
```

如代码清单 11-2 所示，客户端将所有图块进行初始化并绘制出来，顺利完成地图拼接。然而，通过观察运行结果我们会发现一个问题，第 17 行到第 26 行每次加载一张图片都要耗费半秒时间，10 张图块就要耗费 5 秒，如果加载整张地图将会耗费多长时间？如此糟糕的游戏体验简直就是在挑战玩家的忍耐力，缓慢的地图加载过程会让玩家失去兴趣。

面对解决加载卡顿的问题，有些读者可能已经想到我们之前学过的原型模式了。对，我们完全可以把相同的图块对象共享，用克隆的方式来省去实例化的过程，从而加快初始化速度。然而，对这几个图块克隆貌似没什么问题，地图加载速度确实提高了，但是构建巨大的地图一定会在内存中产生庞大的图块对象群，从而导致大量的内存开销。如果没有内存回收机制，甚至会造成内存溢出，系统崩溃，如图 11-4 所示。

用原型模式一定是不合适的，地图中的图块并非像游戏中动态的人物角色一样可以实时移动，它们的图片与坐标状态初始化后就固定下来了，简单讲就是被绘制出来后就不必变动了，即使要变也是将拼好的地图作为一个大对象整体挪动。图块一旦被绘制出来就不需要保留任何坐标状态，内存中自然也就不需要保留大量的图块对象了。

图 11-4　内存资源耗尽

11.4　图件共享

要提高游戏性能，我们只能利用少量的对象拼接整张地图。继续分析地图，我们会发现每个图块的坐标是不同的，但有很大一部分图块的材质图（图片）是相同的，也就是说，同样的材质图会在不同的坐标位置上重复出现。于是我们可以得出结论，材质图是可以作为享元的，而坐标则不能。

既然要共享相同的图片，那么我们就得将图块类按图片拆分成更细的材质类，如河流类、草地类、道路类等。而坐标不能作为图块类的享元属性，所以我们就得设法把这个属性抽离出去由外部负责。不能纸上谈兵，我们继续代码实战，首先需要定义一个接口，规范这些材质类的绘图标准，请参看代码清单 11-3。

```
1.  public interface Drawable {
2.
3.      void draw(int x, int y);//绘图方法,接收地图坐标
4.
5.  }
```

如代码清单 11-3 所示,我们定义了绘图接口,使坐标作为参数传递进来并进行绘图。当然,除了接口方式,我们还可以用抽象类抽离出更多的属性和方法,使子类变得更加简单。接下来我们再定义一系列材质类并实现此绘图接口,首先是河流类,如代码清单 11-4 所示。

代码清单 11-4 河流类 River

```
1.  public class River implements Drawable {
2.
3.      private String image;//河流图片材质
4.
5.      public River() {
6.          this.image = "河流";
7.          System.out.print("从磁盘加载[" + image + "]图片,耗时半秒……");
8.      }
9.
10.     @Override
11.     public void draw(int x, int y) {
12.         System.out.println("在位置[" + x + ":" + y + "]上绘制图片:[" + image + "]");
13.     }
14.
15. }
```

河流类中只定义了图片作为内部属性。在第 6 行的类构造器中加载河流图片,这就是类内部即将共享的"元"数据了,我们通常称之为"内蕴状态"。而作为"外蕴状态"的坐标是无法作为享元的,所以将其作为参数由第 11 行实现的绘图方法中由外部传入。以此类推,接下来我们定义草地类、道路类、房屋类,请分别参看代码清单 11-5、代码清单 11-6 和代码清单 11-7。

代码清单 11-5 草地类 Grass

```
1.  public class Grass implements Drawable {
2.
3.      private String image;//草地图片材质
4.
5.      public Grass() {
6.          this.image = "草地";
7.          System.out.print("从磁盘加载[" + image + "]图片,耗时半秒……");
8.      }
9.
10.     @Override
```

```
11.    public void draw(int x, int y) {
12.        System.out.println("在位置[" + x + ":" + y + "]上绘制图片:[" + image + "]");
13.    }
14.
15. }
```

代码清单 11-6　道路类 Road

```
16. public class Stone implements Drawable {
17.
18.    private String image;//道路图片材质
19.
20.    public Road() {
21.        this.image = "道路";
22.        System.out.print("从磁盘加载[" + image + "]图片，耗时半秒……");
23.    }
24.
25.    @Override
26.    public void draw(int x, int y) {
27.        System.out.println("在位置[" + x + ":" + y + "]上绘制图片:[" + image + "]");
28.    }
29.
30. }
```

代码清单 11-7　房屋类 House

```
31. public class House implements Drawable {
32.
33.    private String image;//房屋图片材质
34.
35.    public House() {
36.        this.image = "房屋";
37.        System.out.print("从磁盘加载[" + image + "]图片，耗时半秒……");
38.    }
39.
40.    @Override
41.    public void draw(int x, int y) {
42.        System.out.print("将图层切换到顶层……");//房屋盖在地板上，所以切换到顶层图层
43.        System.out.println("在位置[" + x + ":" + y + "]上绘制图片:[" + image + "]");
44.    }
45.
46. }
```

这里要注意代码清单 11-7 的房屋类与其他类有所区别，它拥有自己特定的绘图方法，调用后会在地板图层之上绘制房屋，覆盖下面的地板（房屋图片比其他图片要大一些），以使地图变得更加立体化。接下来就是实现"元之共享"的关键了，我们得定义一个图件工厂类，并将各种图件对象提前放入内存中共享，如此便可以避免每次从磁盘重新加载，请参看代码清单 11-8。

```
1.   public class TileFactory {
2.
3.       private Map<String, Drawable> images;//图库
4.
5.       public TileFactory() {
6.           images = new HashMap<String, Drawable>();
7.       }
8.
9.       public Drawable getDrawable(String image) {
10.          //缓存池里如果没有图件，则实例化并放入缓存池
11.          if(!images.containsKey(image)){
12.              switch (image) {
13.              case "河流":
14.                  images.put(image, new River());
15.                  break;
16.              case "草地":
17.                  images.put(image, new Grass());
18.                  break;
19.              case "道路":
20.                  images.put(image, new Road());
21.                  break;
22.              case "房屋":
23.                  images.put(image, new House());
24.              }
25.          }
26.
27.          //至此，缓存池里必然有图件，直接取得并返回
28.          return images.get(image);
29.      }
30.
31. }
```

如代码清单 11-8 所示，图件工厂类类似于一个图库管理器，其中维护着所有的图件元对象。首先在第 5 行的构造方法中初始化一个散列图的"缓存池"，然后通过懒加载模式来维护它。当客户端调用第 9 行的获取图件方法 getDrawable() 时，程序首先会判断目标图件是否已经实例化并存在于缓存池中，如果没有则实例化并放入图库缓存池供下次使用，到这里目标图件必然存在于缓存池中了。最后在第 28 行直接从缓存池中获取目标图件并返回。如此，无论外部需要什么图件，也无论外部获取多少次图件，每类图件都只会在内存中被加载一次，这便是"元共享"的秘密所在。最后让我们来看客户端如何构建游戏地图，请参看代码清单 11-9。

```
1.   public class Client {
2.
3.       public static void main(String[] args) {
4.           //先实例化图件工厂
```

```
5.           TileFactory factory = new TileFactory();
6.
7.           //随便绘制一列为例
8.           factory.getDrawable("河流").draw(10, 10);
9.           factory.getDrawable("河流").draw(10, 20);
10.          factory.getDrawable("道路").draw(10, 30);
11.          factory.getDrawable("草地").draw(10, 40);
12.          factory.getDrawable("草地").draw(10, 50);
13.          factory.getDrawable("草地").draw(10, 60);
14.          factory.getDrawable("草地").draw(10, 70);
15.          factory.getDrawable("草地").draw(10, 80);
16.          factory.getDrawable("道路").draw(10, 90);
17.          factory.getDrawable("道路").draw(10, 100);
18.
19.          //绘制完地板后接着在顶层绘制房屋
20.          factory.getDrawable("房子").draw(10, 10);
21.          factory.getDrawable("房子").draw(10, 50);
22.
23.          /*运行结果
24.          从磁盘加载[河流]图片, 耗时半秒……在位置[10:10]上绘制图片:[河流]
25.          在位置[10:20]上绘制图片:[河流]
26.          从磁盘加载[道路]图片, 耗时半秒……在位置[10:30]上绘制图片:[道路]
27.          从磁盘加载[草地]图片, 耗时半秒……在位置[10:40]上绘制图片:[草地]
28.          在位置[10:50]上绘制图片:[草地]
29.          在位置[10:60]上绘制图片:[草地]
30.          在位置[10:70]上绘制图片:[草地]
31.          在位置[10:80]上绘制图片:[草地]
32.          在位置[10:90]上绘制图片:[道路]
33.          在位置[10:100]上绘制图片:[道路]
34.          从磁盘加载[房屋]图片, 耗时半秒……将图层切换到顶层……在位置[10:10]上绘制图片:[房屋]
35.          将图层切换到顶层……在位置[10:50]上绘制图片:[房屋]
36.          */
37.      }
38.
39. }
```

如代码清单 11-9 所示，我们抛弃了利用"new"关键字随意制造对象的方法，改用这个图件工厂类来构建并共享图件元，外部需要什么图件直接向图件工厂索要即可。此外，图件工厂类返回的图件实例也不再包含坐标信息这个属性了，而是将其作为绘图方法的参数即时传入。结果立竿见影，从第 23 行开始的输出中可以看到，每个图件对象在初次实例化时会耗费半秒时间，而下次请求时就不会再出现加载图片的耗时操作了，也就是从图库缓存池直接拿到了。

11.5　万变不离其宗

至此，享元模式的运用让程序运行更加流畅，地图加载再也不会出现卡顿现象了，加载图片时的 I/O 流操作所导致的 CPU 效率及内存占用的问题同时得以解决，游戏体验得以提升和改善。享元模式让图件对象将可共享的内蕴状态"图片"维护起来，将外蕴状态"坐标"抽离出去并定义于接口参数中，基于此，享元工厂便可以顺利将图件对象共享，以供外部随时使用。我们来看享元模式的类结构，如图 11-5 所示。

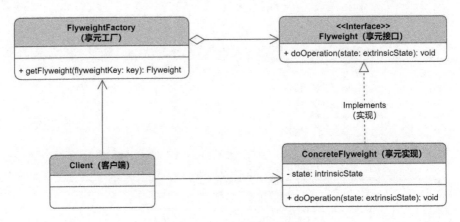

图 11-5 享元模式的类结构

享元模式的各角色定义如下。

- Flyweight（享元接口）：所有元件的高层规范，声明与外蕴状态互动的接口标准。对应本章例程中的绘图接口 Drawable。
- ConcreteFlyweight（享元实现）：享元接口的元件实现类，自身维护着内蕴状态，且能接受并响应外蕴状态，可以有多个实现，一个享元对象可以被称作一个"元"。对应本章例程中的河流类 River、草地类 Grass、道路类 Road 等。
- FlyweightFactory（享元工厂）：用来维护享元对象的工厂，负责对享元对象实例进行创建与管理，并对外提供获取享元对象的服务。对应本章例程中的图件工厂类 TileFactory。
- Client（客户端）：享元的使用者，负责维护外蕴状态。

与中国古代先哲们对"阴阳"二元的思考类似，"享元"的理念其实就是萃取事物的本质，将对象的内蕴状态与外蕴状态剥离开来，其中内蕴状态成为真正的"元"数据，而外蕴状态则被抽离出去由外部负责维护，最终达成内外相济、里应外合的结构，使元得以共享。大千世界，万物苍生，究其"元"，万变不离其宗，宜"享"之。

|第 12 章| 代理

代理模式（Proxy），顾名思义，有代表打理的意思。某些情况下，当客户端不能或不适合直接访问目标业务对象时，业务对象可以通过代理把自己的业务托管起来，使客户端间接地通过代理进行业务访问。如此不但能方便用户使用，还能对客户端的访问进行一定的控制。简单来说，就是代理方以业务对象的名义，代理了它的业务。

12.1　4S 店

在我们的社会活动中存在着各种各样的代理，例如销售代理商，他们受商品制造商委托负责代理商品的销售业务，而购买方（如最终消费者）则不必与制造商发生关联，也不用关心商品的具体制造过程，而是直接找代理商购买产品。

如图 12-1 所示，顾客通常不会找汽车制造商直接购买汽车，而是通过 4S 店购买。介于顾客与制造商之间，4S 店对汽车制造商生产的整车与零配件提供销售代理服务，并且在制造商原本职能的基础之上增加了一些额外的附加服务，如汽车上牌、注册、保养、维修等，使顾客与汽车制造商彻底脱离关系。除此之外，代理模式的示例还有明星经纪人对明星推广业务的代理；律师对原告或被告官司的代理；旅游团对门票、机票业务的代理等，不胜枚举。

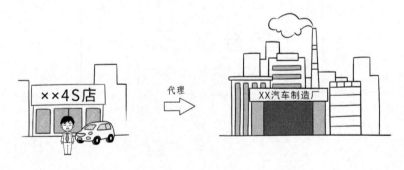

图 12-1　4S 店

12.2　访问互联网

现代社会中，网络已经渗透到人们工作和生活的方方面面，为了满足各种需求，不管是公司还是家庭，网络的组建工作都必不可少。根据网络环境的不同，适当地使用各种网络设备十分重要，例如我们常见的家用路由器，其最重要的一个功能就是代理上网业务，使其下面所有终端设备都能够连入互联网，如图 12-2 所示。

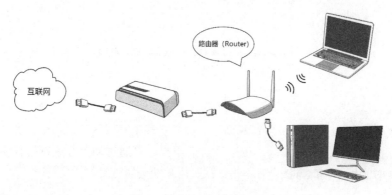

图 12-2　路由器对互联网的代理

图 12-2 所示的是一个简单的家庭网络的网络结构。从左往右看，首先我们得去网络服务提供商（ISP）申请互联网（Internet）宽带业务，然后通过光纤入户并拿到一个调制解调器（Modem），也就是我们俗称的"猫"（以下简称为猫），它负责在模拟信号（或者光信号）与数字信号之间做调制转换（类似于适配器）。接下来连接的就是我们的主角——路由器（Router）了，它负责代理互联网服务。最后，我们每天使用的一些终端设备，例如笔记本电脑、台式机、手机、电视机等，不管通过 Wi-Fi 还是网线，都能通过路由器代理成功上网。基于此结构，我们尝试以代码来实现，首先定义一个互联网访问接口 Internet，请参看代码清单 12-1。

代码清单 12-1　互联网访问接口 Internet

```
1.  public interface Internet {
2.
3.      void httpAccess(String url);
4.
5.  }
```

如代码清单 12-1 所示，我们对互联网访问接口进行简化，假设它只有一个互联网访问标准（协议）httpAccess，并接受一个 url 地址。毫无疑问，直接与互联网连接的一定是"猫"，所以我们首先让"猫"实现互联网访问接口，请参看代码清单 12-2。

代码清单 12-2　调制解调器 Modem

```
1.  public class Modem implements Internet {
2.
3.      public Modem(String password) throws Exception {
4.          if(!"123456".equals(password)){
5.              throw new Exception("拨号失败，请重试！");
```

```
6.          }
7.          System.out.println("拨号上网……连接成功! ");
8.          }
9.
10.         @Override
11.         public void httpAccess(String url){//实现互联网访问接口
12.             System.out.println("正在访问: " + url);
13.         }
14.
15. }
```

如代码清单 12-2 所示,调制解调器(猫)实现了互联网访问接口,并在构造方法中进行拨号上网的密码校验,校验通过后用户即可通过调用互联网访问实现方法 httpAccess() 上网了。此方法来者不拒,接受用户的一切访问。

12.3 互联网代理

虽然"猫"允许用户直接访问互联网,但用户每次上网都不得不进行拨号操作,这确实不太方便。此外,"猫"要对大量的终端上网设备进行资源分配与管理,难免力不从心。例如,孩子学习时总是偷偷上网看电影或玩游戏,只依靠家长是很难得到有效控制的。再如,我们上网时会遭遇一些高危网站的攻击,严重威胁到我们的网络安全,所以我们有必要采取一些技术手段来屏蔽终端设备对这些有害网站的访问,这些事还是得交给代理去负责,例如建立黑名单机制。

如图 12-3 所示,要在用户与互联网之间建立黑名单机制并禁止终端设备对有害网站的访问,我们就得把终端设备(客户端)与"猫"的连接隔离开,并在它们之间加上路由器进行代理管控。当终端设备请求访问互联网时,我们就将其传入的地址与黑名单进行比对,如果该地址存在于黑名单中则禁止访问,反之则通过校验并转交给"猫"以连接互联网。这个逻辑非常清晰,下面我们用路由器来实现,请参看代码清单 12-3。

用户   黑名单过滤   互联网

图 12-3 黑名单过滤机制

代码清单 12-3 路由器 RouterProxy

```
1.  public class RouterProxy implements Internet {
2.
```

```
3.        private Internet modem;//被代理对象
4.        private List<String> blackList = Arrays.asList("电影", "游戏", "音乐", "小说");
5.
6.        public RouterProxy() throws Exception {
7.            this.modem = new Modem("123456");//实例化被代理类
8.        }
9.
10.       @Override
11.       public void httpAccess(String url) {//实现互联网访问接口方法
12.           for (String keyword : blackList) {//遍历黑名单
13.               if (url.contains(keyword)) {//是否包含黑名单中的字眼
14.                   System.out.println("禁止访问: " + url);
15.                   return;
16.               }
17.           }
18.           modem.httpAccess(url);//转发请求至"猫"以访问互联网
19.       }
20.
21.   }
```

如代码清单 12-3 所示，路由器与"猫"一样实现了互联网接口，并于第 6 行的构造方法中主动实例化了"猫"，作为被代理的目标业务（互联网业务）类。重点在于第 11 行的互联网访问实现方法中，我们对提前设定好的黑名单进行遍历，如果访问地址中带有黑名单中的敏感字眼就禁止访问并直接退出，如果遍历结束则代表没有发现任何威胁，此时就可以假设访问地址是相对安全的。当访问地址成功通过安全校验后，代码第 18 行中路由器移交控制权，将请求转发给"猫"进行互联网访问。可以看到，其实路由器本质上并不具备上网功能，而只是充当代理角色，对访问进行监管、控制与转发。

扩展阅读

　　需要注意的是，代码清单 12-3 第 6 行的路由器构造方法为实现对"猫"的全面管控，主动实例化了"猫"对象，而非由外部注入。从某种意义上讲，这是代理模式区别于装饰器模式的一种体现。虽然二者的理念与实现有点类似，但装饰器模式往往更加关注为其他对象增加功能，让客户端更加灵活地进行组件搭配；而代理模式更强调的则是一种对访问的管控，甚至是将被代理对象完全封装而隐藏起来，使其对客户端完全透明。读者大可不必被概念所束缚，属于哪种模式并不重要，最适合系统需求的设计就是最好的设计。

　　至此，家庭网络已经搭建完毕，网络安全问题也得以解决，一切准备就绪。让我们打开计算机，畅游互联网，请参看代码清单 12-4。

代码清单 12-4　客户端 Client

```
1.  public class Client {
2.
3.      public static void main(String[] args) throws Exception {
4.          Internet proxy = new RouterProxy();//实例化的是代理
5.          proxy.httpAccess("http://www.电影.com");
6.          proxy.httpAccess("http://www.游戏.com");
7.          proxy.httpAccess("ftp://www.学习.com/java");
8.          proxy.httpAccess("http://www.工作.com");
9.
10.         /* 运行结果
11.             拨号上网……连接成功!
12.             禁止访问:http://www.电影.com
13.             禁止访问:http://www.游戏.com
14.             正在访问:ftp://www.学习.com/java
15.             正在访问:http://www.工作.com
16.         */
17.     }
18.
19. }
```

　　如代码清单 12-4 所示，客户端（终端设备）一开始创建的并不是"猫"，而是实例化路由器来连接互联网。简单来讲，就是用户只需要知道连接路由器便可以上网了，至于"猫"是什么，用户完全可以无视。接下来，用户由第 5 行开始访问一系列的网站，可以看到路由器依次给出了访问结果，其中"电影"与"游戏"的相关的网站都被屏蔽了，而"工作"与"学习"则予以正常通过。如此不但省去了客户端拨号的麻烦（路由器可以帮助拨号），而且避免了用户访问一些娱乐网站。因此，家长不必担心孩子在学习时间去看电影玩游戏了（可以增强为在固定时间段进行屏蔽），从此高枕无忧。

12.4　万能的动态代理

　　通过代码实践，相信读者已经充分理解代理模式了，这也是最简单、常用的一种代理模式。除此之外，还有一种特殊的代理模式叫作"动态代理"，其实例化过程是动态完成的，也就是说我们不需要专门针对某个接口去编写代码实现一个代理类，而是在接口运行时动态生成。

　　继续我们之前的实例，现在假设有这样一种场景，当网络中的终端设备越来越多（例如组建公司网络）时，网络接口逐渐被占满，此时路由器就有点力不从心、不堪负重。这就需要我们进行网络升级，加装交换机来连接更多的终端设备。由于交换机主要负责内网的通信服务，因此现在我们将视角切换到局域网，首先定义局域网访问接口 Intranet，请参看代码清单 12-5。

代码清单 12-5　局域网访问接口 Intranet

```
1.  public interface Intranet {
2.
3.      public void fileAccess(String path);
4.
5.  }
```

如代码清单 12-5 所示，与之前的互联网访问接口 Internet 定义的 httpAccess 不同，局域网访问接口 Intranet 定义了文件访问标准（协议）fileAccess，并以文件的绝对地址作为参数。接下来，由交换机组建的局域网一定能为终端设备间的文件访问与共享提供服务，我们让交换机来实现这个局域网访问接口，请参看代码清单 12-6。

代码清单 12-6　交换机 Switch

```
1.  public class Switch implements Intranet {
2.
3.      @Override
4.      public void fileAccess(String path){
5.          System.out.println("访问内网: " + path);
6.      }
7.
8.  }
```

如代码清单 12-6 所示，交换机 Switch 实现了局域网访问接口 Intranet，此时终端设备间的互访也就顺利实现了，如一台计算机请求从另一台内网计算机上复制共享文件。但交换机还不具备任何代理功能，不要着急，接下来就需要动态代理了。

随着终端设备数量的增多，内网安全防范措施也得跟着加强。若要对终端设备之间的互访进行管控，我们就不得不再编写一个局域网接口的代理 SwitchProxy，并加上之前的黑名单过滤逻辑。这虽然看似简单，但问题是，不管是代理互联网业务还是代理局域网业务，都是基于同样的一份黑名单对访问地址进行校验，如果每个代理都加上这一逻辑，显然是冗余的，将其抽离出来势在必行。

单单看这个黑名单过滤功能的代理，它应该是一个通用的过滤器，不应该与任何业务接口发生关联。要灵活地实现业务功能，就要抛开业务接口的牵绊，在运行时针对某业务接口动态地生成具备黑名单过滤功能的代理，从而彻底跳出业务规范的条条框框。多说无益，我们将抽离出来的功能定义在黑名单过滤器中，请参看代码清单 12-7。

代码清单 12-7　黑名单过滤器 BlackListFilter

```
1.  public class BlackListFilter implements InvocationHandler {
2.
3.      private List<String> blackList = Arrays.asList("电影", "游戏", "音乐", "小说");
4.
5.      // 被代理的真实对象, 如"猫"、交换机等
6.      private Object origin;
7.
8.      public BlackListFilter(Object origin) {
9.          this.origin = origin;//注入被代理对象
10.         System.out.println("开启黑名单过滤功能……");
11.     }
12.
13.     @Override
14.     public Object invoke(Object proxy, Method mth, Object[] args) throws Throwable {
15.         //切入"方法面"之前的过滤器逻辑
16.         String arg = args[0].toString();
17.         for (String keyword : blackList) {
18.             if (arg.contains(keyword)) {
19.                 System.out.println("禁止访问:" + arg);
20.                 return null;
21.             }
22.         }
23.         //调用被代理对象方法
24.         System.out.println("校验通过, 转向实际业务……");
25.         return mth.invoke(origin, arg);
26.     }
27.
28. }
```

如代码清单 12-7 所示，黑名单过滤器的功能代码不再与任何业务接口有瓜葛了，而且实现了 JDK 反射包中提供的 InvocationHandler（动态调用处理器）接口，这个接口定义了动态反射调用的标准，这意味着黑名单过滤器可以代理任意类的任意方法，这就使万能代理成为可能。注意看第 9 行代码，我们在构造方法中将被代理对象注入进来交给第 6 行定义的 Object 类对象引用 origin，所以此处不管是路由器还是交换机都能够被代理。接下来是动态代理的重中之重。我们在代码第 14 行实现了 InvocationHandler 的 invoke() 方法，此处规定要将进行过滤的目标地址字符串放在参数组 args 的第一个元素位置，得到参数后进行循环过滤，如果校验通过则调用被代理对象的原始方法。注意我们在第 25 行中利用反射机制去调用 origin（被代理对象）的 mth() 方法（被代理类的"方法对象"），具体被调用的是哪个被代理对象的哪个方法在运行时才能确定下来。

我们已经将黑名单机制的相关逻辑抽离出来了，并且加上了动态代理生成的功能，那么我们之前实现的路由器代理就要进行重构，删除其中的黑名单过滤功能代码，只保留自动拨号功能，请参看代码清单 12-8。

代码清单 12-8　路由器代理 RouterProxy

```
1.  public class RouterProxy implements Internet {
2.
3.      private Internet modem;//被代理对象
4.
5.      public RouterProxy() throws Exception {
6.          this.modem = new Modem("123456");//实例化被代理类
7.      }
8.
9.      @Override
10.     public void httpAccess(String url) {
11.         modem.httpAccess(url);// 转发请求至"猫"以访问互联网
12.     }
13.
14. }
```

至此，每个网络模块都变得更加简单了，我们只需要根据需求进行动态组装来实现不同代理。当用户要访问外网时，我们就用 RouterProxy 或者 Modem 生成基于互联网访问接口 Internet 的黑名单代理；当用户要访问内网时，我们就用交换机 Switch 生成基于局域网访问接口 Intranet 的黑名单代理。我们来看客户端示例，请参看代码清单 12-9。

代码清单 12-9　客户端类 Client

```
1.  public class Client {
2.
3.      public static void main(String[] args) throws Exception {
4.
5.          //访问互联网（外网），生成路由器代理
6.          Internet internet = (Internet) Proxy.newProxyInstance(
7.              RouterProxy.class.getClassLoader(),
8.              RouterProxy.class.getInterfaces(),
9.              new BlackListFilter(new RouterProxy()));
10.         internet.httpAccess("http://www.电影.com");
11.         internet.httpAccess("http://www.游戏.com");
12.         internet.httpAccess("http://www.学习.com");
13.         internet.httpAccess("http://www.工作.com");
14.
15.         /*
16.         拨号上网……连接成功!
17.         开启黑名单过滤功能……
18.         禁止访问:http://www.电影.com
19.         禁止访问:http://www.游戏.com
20.         校验通过，转向实际业务……
21.         正在访问:http://www.学习.com
22.         校验通过，转向实际业务……
23.         正在访问:http://www.工作.com
24.         */
25.
26.         //访问局域网（内网），生成交换机代理
```

```
27.         Intranet intranet = (Intranet) Proxy.newProxyInstance(
28.                 Switch.class.getClassLoader(),
29.                 Switch.class.getInterfaces(),
30.                 new BlackListFilter(new Switch()));
31.         intranet.fileAccess("\\\\192.68.1.2\\共享\\电影\\IronHuman.mp4");
32.         intranet.fileAccess("\\\\192.68.1.2\\共享\\游戏\\Hero.exe");
33.         intranet.fileAccess("\\\\192.68.1.4\\shared\\Java学习资料.zip");
34.         intranet.fileAccess("\\\\192.68.1.6\\Java\\设计模式.doc");
35.
36.         /*
37.         开启黑名单过滤功能……
38.         禁止访问:\\192.68.1.2\共享\电影\IronHuman.mp4
39.         禁止访问:\\192.68.1.2\共享\游戏\Hero.exe
40.         校验通过,转向实际业务……
41.         访问内网:\\192.68.1.4\shared\Java学习资料.zip
42.         校验通过,转向实际业务……
43.         访问内网:\\192.68.1.6\Java\设计模式.doc
44.         */
45.     }
46.
47. }
```

如代码清单 12-9 所示,客户端在第 6 行调用了 JDK 提供的代理生成器 Proxy 的生产方法 newProxyInstance(),并传入过滤器与路由器的相关参数,将过滤器功能与被代理对象组装在一起,动态生成代理对象,接着用它访问了若干互联网地址。可以看到运行结果,路由器代理本身已经代理了"猫"的上网功能并加装了自动拨号功能,在此基础上外层的动态代理又加装了地址校验功能。同理,从第 27 行开始,代码为交换机加入过滤器功能并生成动态代理,接着用它访问了局域网中的文件,运行结果同样有效。无论用户访问互联网还是局域网,动态代理都充分完成了对网络地址访问的代理与管控工作。

至此,我们已经将管控业务(地址校验业务)完全抽离,并独立于系统主业务,也就是说,管控业务不再侵入实际业务类。并且,我们能够更加灵活地将这段业务逻辑加入不同的业务对象,如此,我们再也不必在编程时针对某个业务类量身定做其特有的代理类了,达到了一劳永逸的目的。

扩展阅读

其实在很多软件框架中都大量应用了动态代理的理念,如 Spring 的面向切面编程技术 AOP,我们只需要定义好一个切面类 @Aspect 并声明其切入点 @Pointcut(标记出被代理的哪些对象的哪些接口方法,类似于本章例程中的路由器与交换机的 httpAccess 以及 fileAccess 接口),以及被切入的代码块（要增加的逻辑，比如这里的过滤功能代码，可分为前置执行 @Before、后置执行 @After 以及异常处理 @AfterThrowing 等），框架就会自动帮我们生成代理并切入目标。我们最常用到的就是给多个类方法前后动态加入写日志，此外还有为业务类加上数据库事务控制（业务代码开始前先切入"事务开始"，执行过后再切入"事务提交"，如果抛异常被捕获则执行"事务回滚"），如此就不必为每个业务类都写这些重复代码了，整个系统对数据库的访问都得到了事务管控，开发效率得到了提升。

12.5　业务增强与管控

　　不管是在编程时预定义静态代理，还是在运行时即时生成代理，它们的基本理念都是通过拦截被代理对象的原始业务并在其之前或之后加入一些额外的业务或者控制逻辑，来最终实现在不改变原始类（被代理类）的情况下对其进行加工、管控。换句话说，虽然动态代理更加灵活，但它也是在静态代理的基础之上发展而来的，究其本质，万变不离其宗，我们来看代理模式的类结构，如图 12-4 所示。

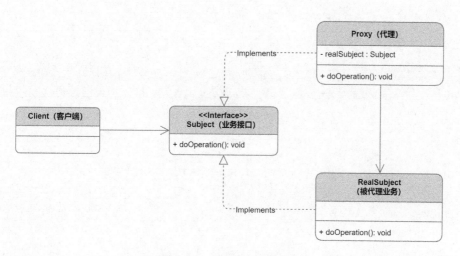

图 12-4　代理模式的类结构

代理模式的各角色定义如下。

- Subject（业务接口）：对业务接口标准的定义与表示，对应本章例程中的互联网访问接口 Internet。
- RealSubject（被代理业务）：需要被代理的实际业务类，实现了业务接口，对应本章例程中的调制解调器 Modem。
- Proxy（代理）：同样实现了业务接口标准，包含被代理对象的实例并对其进行管控，对外提供代理后的业务方法，对应本章例程中的路由器 RouterProxy。
- Client（客户端）：业务的使用者，直接使用代理业务，而非实际业务。

代理模式不仅能增强原业务功能，更重要的是还能对其进行业务管控。对用户来讲，隐藏于代理中的实际业务被透明化了，而暴露出来的是代理业务，以此避免客户端直接进行业务访问所带来的安全隐患，从而保证系统业务的可控性、安全性。

|第 13 章| 桥接

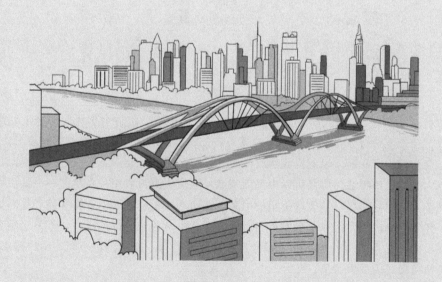

桥接模式（Bridge）能将抽象与实现分离，使二者可以各自单独变化而不受对方约束，使用时再将它们组合起来，就像架设桥梁一样连接它们的功能，如此降低了抽象与实现这两个可变维度的耦合度，以保证系统的可扩展性。

13.1　基础建设

人类社会的发展有一条不变的规律，即"要致富，先修路"。路桥作为重要的交通基础设施，在经济发展中扮演着不可或缺的角色。它可以把原本相对独立的区域连接起来，使得贸易往来更加便利与高效，从而极大地促进经济合作与发展。如图 13-1 所示，古代丝绸之路连通了东西方的经贸往来，让各个国家取长补短、互惠互利，最终使各方经济发展纷纷受惠。

图 13-1　古代丝绸之路

古有丝绸之路，21 世纪则有全球化。桥接模式类似于这种全球化劳动分工的经济模式。全球产业分工后，国家可以发挥各自的优势，制造自己最擅长的产品组件，再通过合作组成产业链，以此提高生产效率并实现产品多元化。拿手机制造来说，芯片可以由美国设计制造，屏幕可以由韩国制造，摄像头则可以由日本制造……最后由中国制造其他半导体组件并完成手机的组装，从而形成手机制造产业链并使产品高效生产。如此一来，每个国家都能发挥自己的长处，生产各式各样的组件，最终组装出各种品类的产品，其中各种品牌、型号、配置应有尽有，以此满足不同的用户需求，这便是桥接模式的最大价值。

13.2　形与色的纠葛

既然基础建设如此重要，那么我们就用实例来分析一下桥接模式下的产业分工与合作。假设我们要画一幅抽象画，它主要由各种形状的色块组成，以此来表达世界的多样性，如图 13-2 所示。

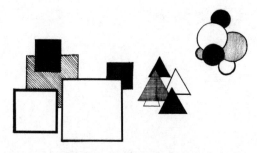

图 13-2　各种形状的色块

　　要完成这幅作品，不同颜色的画笔是必不可少的工具，那么相应地我们就得定义这些画笔工具类。首先抛开画笔的颜色，画笔本身一定是类似的，所以我们定义一个画笔抽象类，请参看代码清单 13-1。

代码清单 13-1　画笔抽象类 Pen

```
1.  public abstract class Pen {
2.
3.      public abstract void getColor();
4.
5.      public void draw(){
6.          getColor();
7.          System.out.print("△");
8.      }
9.
10. }
```

　　如代码清单 13-1 所示，画笔抽象类在第 3 行定义了抽象方法 getColor() 获取颜色，并交给子类实现不同的颜色；接着在第 5 行绘图方法 draw() 中先调用 getColor() 以获取具体的颜色，然后画出一个三角形。下面我们来看具体的黑色画笔类 BlackPen，请参看代码清单 13-2。

代码清单 13-2　黑色画笔类 BlackPen

```
1.  public class BlackPen extends Pen {
2.
3.      @Override
4.      public void getColor() {
5.          System.out.print("黑");
6.      }
7.  }
```

　　如代码清单 13-2 所示，黑色画笔类在第 4 行实现了获取颜色方法 getColor()，并输出了字符串"黑"，以此来模拟黑色墨水的输出。我们先不急于进行过多的扩展，至少目前已经足以进行作画了，我们用客户端试着运行一下，请参看代码清单 13-3。

代码清单 13-3　客户端类 Client

```
1.  public class Client {
2.
3.      public static void main(String[] args) {
4.          Pen blackPen = new BlackPen();
5.          blackPen.draw();
6.          //输出: 黑△
7.      }
8.  }
```

如代码清单 13-3 所示，我们在第 5 行调用黑色画笔类的绘图方法 draw() 后成功输出了"黑△"（黑色三角形）。同理，我们可以继续定义白色画笔类，画出"白△"（白色三角形）。然而，不管我们制造多少种颜色的画笔，都只能画出三角形，这是因为我们在抽象类里硬编码了对"△"的输出，这就造成了形状被牢牢地捆绑于各类彩色画笔中，对于其他形状的绘制则无能为力，使系统丧失了灵活性与可扩展性。

13.3　架构产业链

我们已经利用画笔的抽象实现了颜色的多态，现在要解决的问题是对形状的抽离，将形状与颜色彻底分离开来，使它们各自扩展。既然颜色是由画笔来决定的，那么形状可以依赖尺子来规范其笔触线条走向。我们设想这样一个场景，画笔与尺子这两种工具分别产于南北两座孤岛，北岛擅长制造各色画笔，南岛则擅长制造各种形状的尺子，如图 13-3 所示。

图 13-3　产业分工与合作

图 13-3 所示的是产业分工与合作的最佳范例之一，按照这种模式我们开始规划南岛文具产业。首先我们把可以规范形状的尺子类从画笔产业中独立出来，它们至少

能够画出正方形、三角形和圆形，来看看南岛所制造的尺子，如图 13-4 所示。

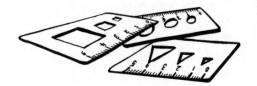

图 13-4 形状各异的尺子

尺子的功能是对笔触线条走向进行规范。为了让尺子各尽其能而不至于毫无章法地扩展，我们先定义一个尺子的高层接口，请参看代码清单 13-4。

代码清单 13-4 尺子接口 Ruler

```
1.  public interface Ruler {
2.
3.      public void regularize();
4.
5.  }
```

如代码清单 13-4 所示，尺子接口定义了笔触线条走向规范方法 regularize()，为各种形状的尺子实现留好了接口。为保持简单，我们在这里忽略形状的大小，假设一种形状对应一个类，那么应该有正方形尺子类、三角形尺子类以及圆形尺子类，分别对应代码清单 13-5、代码清单 13-6 以及代码清单 13-7。

代码清单 13-5 正方形尺子类 SquareRuler

```
1.  public class SquareRuler implements Ruler {
2.
3.      @Override
4.      public void regularize() {
5.          System.out.println("□");//输出正方形
6.      }
7.
8.  }
```

代码清单 13-6 三角形尺子类 TriangleRuler

```
1.  public class TriangleRuler implements Ruler {
2.
3.      @Override
4.      public void regularize() {
5.          System.out.println("△");//输出三角形
6.      }
7.
8.  }
```

```
1.  public class CircleRuler implements Ruler {
2.
3.    @Override
4.    public void regularize() {
5.      System.out.println("〇");//输出圆形
6.    }
7.
8.  }
```

如代码清单 13-5、代码清单 13-6 以及代码清单 13-7 所示，南岛文具产业已经被规划完成。接着我们来看处于产业链另一端的北岛文具产业，其擅长制造的是彩色画笔，如图 13-5 所示。

图 13-5　彩色画笔

依照南、北岛的产业合作模式，我们同样需要对北岛产业进行重新规划，也就是对之前的画笔类相关代码进行重构。因为画笔必须有尺子的协助才能完成漂亮的画作，所以我们假设北岛制造处于"产业链下游"，修改之前的画笔抽象类，使其能够用到尺子，请参看代码清单 13-8。

```
1.  public abstract class Pen {
2.
3.    protected Ruler ruler;//尺子的引用
4.
5.    public Pen(Ruler ruler) {
6.      this.ruler = ruler;
7.    }
8.
9.    public abstract void draw();//抽象方法
10. }
```

如代码清单 13-8 所示，画笔类在第 3 行声明了尺子接口的引用，并在第 5 行的构造方法中将尺子对象注入进来，这样画笔就能使用尺子进行绘画了，此处便是南北产业通过桥梁的对接形成产业链的关键点。接着第 9 行的绘图方法 draw() 被我们抽象化了，毕竟抽象画笔并不能确定将来要画什么形状、什么颜色、如何画等细节，所以应该留给画笔子类去实现。最后，我们来实现具体颜色的画笔子类。为了保持简单，我们只实现黑色和白色两种颜色的画笔，请分别参看代码清单 13-9、代码清单 13-10。

```
1.  public class BlackPen extends Pen {
2.
3.      public BlackPen(Ruler ruler) {
4.          super(ruler);
5.      }
6.
7.      @Override
8.      public void draw() {
9.          System.out.print("黑");
10.         ruler.regularize();
11.     }
12.
13. }
```

```
1.  public class WhitePen extends Pen {
2.
3.      public WhitePen(Ruler ruler) {
4.          super(ruler);
5.      }
6.
7.      @Override
8.      public void draw() {
9.          System.out.print("白");
10.         ruler.regularize();
11.     }
12.
13. }
```

如代码清单 13-9、代码清单 13-10 所示，黑白画笔均继承自画笔类，在第 4 行的
构造方法中我们调用父类的构造方法并注入传入的尺子，建立与南岛产业的桥梁。在
第 9 行的绘图方法 draw() 中，我们先输出对应的具体颜色，接着调用尺子的笔触规范
方法 regularize() 绘制相关形状。至此，南北产业链规划完毕，我们可以利用这些文具
开始绘画了，请参看代码清单 13-11。

```
1.  public class Client {
2.
3.      public static void main(String args[]) {
4.
5.          //白色画笔对应的所有形状
6.          new WhitePen(new CircleRuler()).draw();
7.          new WhitePen(new SquareRuler()).draw();
8.          new WhitePen(new TriangleRuler()).draw();
9.
10.         //黑色画笔对应的所有形状
```

```
11.        new BlackPen(new CircleRuler()).draw();
12.        new BlackPen(new SquareRuler()).draw();
13.        new BlackPen(new TriangleRuler()).draw();
14.
15.        /*运行结果:
16.            白〇
17.            白□
18.            白△
19.            黑〇
20.            黑□
21.            黑△
22.        */
23.    }
24.
25. }
```

如代码清单 13-11 所示，客户端对各种画笔与尺子进行了相关的实例化操作，如第 8 行，在实例化白色画笔时为其注入三角形尺子，如第 18 行输出所示，这时它所画出的图形为白色三角形。有了桥接模式，客户端便可以任意组装自己需要的颜色与形状进行绘图了。

13.4　笛卡儿积

在桥接的产业合作模式下，南、北岛勤劳的工人们继续扩大生产，制造了更多样式的尺子和画笔，让客户端能够更自由地作画。通过例程我们可以看到，桥接模式将原本对形状的继承关系改为聚合（组合）关系，使形状实现从颜色中分离出来，最终完成多类组件维度上的自由扩展与拼装，使形与色的自由搭配成为可能。

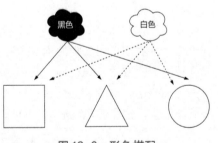

图 13-6　形色搭配

如图 13-6 所示，实线与虚线连接了 2 种颜色与 3 种形状的所有搭配，结果生成了 6 种可能，用笛卡儿积的方式可以描述如下。

设：
　　颜色集合={黑，白}
　　形状集合={圆形，正方形，三角}
那么这两个集合的笛卡儿积为：
　　{
　　　　(黑，圆形)，(黑，正方形)，(黑，三角)，
　　　　(白，圆形)，(白，正方形)，(白，三角)
　　}

如果将形状与颜色这 2 个维度分别作为行与列，就会形成表 13-1 所示的矩阵形式。

表 13-1　形状与颜色的笛卡儿积

颜色　　　　　　　形状	黑色	白色
圆形	黑色圆形	白色圆形
正方形	黑色正方形	白色正方形
三角形	黑色三角形	白色三角形

如表 13-1 所示，我们的例子其实比较简单，只是 2 色 3 形的笛卡儿积组合，如果再加入更多的颜色与形状，笛卡儿积的结果数量会大得惊人。举个例子，我们现有 7 种颜色和 10 种形状，组合起来就有 70（7×10）种可能，假如设计程序时我们只用继承的方式去实现每种可能，那么至少需要 70 个类。如果颜色与形状不断增多，系统可能会出现代码冗余以及类泛滥的情况，之后每加一种颜色或形状都将举步维艰，系统扩展工作将会是一场灾难。如果利用桥接模式的设计，我们只需要 17（7+10）个类便可以组装成任意可能了，并且之后对任何维度的扩展也是轻而易举的。

13.5　多姿多彩的世界

桥接模式构架了一种分化的结构模型，巧妙地将抽象与实现解耦，分离出了 2 个维度（尺子与画笔）并允许其各自延伸和扩展，最终使系统更加松散、灵活，请参看桥接模式的类结构（见图 13-7）。

如图 13-7 所示，我们可以把桥接模式分为"抽象方"与"实现方"2 个维度阵营，其中各角色的定义如下。

- Abstraction（抽象方）：抽象一方的高层接口，多以抽象类形式出现并持有实现方的接口引用，对应本章例程中的画笔类。
- AbstractionImpl（抽象方实施）：继承自抽象方的具体子类实现，可以有多种实施并在抽象方维度上自由扩展，对应本章例程中的黑色画笔和白色画笔。
- Implementor（实现方）：实现一方的接口规范，从抽象方中剥离出来成为另一个维度，独立于抽象方并不受其干扰，对应本章例程中的尺子接口。
- ConcreteImplementor（实现方实施）：实现一方的具体实施类，可以有多个实施并在实现方维度上自由扩展，对应本章例程中的正方形尺子类、三角形尺子类、圆形尺子类。

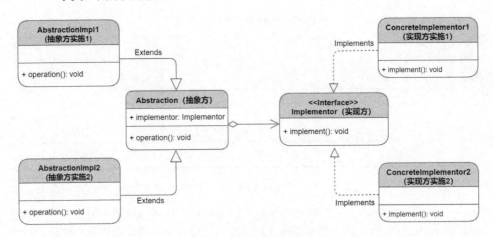

图 13-7　桥接模式的类结构

经济发展靠分工，系统扩展靠抽离，桥接模式将抽象与实现彻底解耦，使形状与颜色的纠葛终被化解，各自为营，互不侵扰。劳动分工实现了各种产品制造的自由扩展，使其能够在各自维度上达成多态，无限延伸。桥梁作为经贸发展的纽带更是不可或缺，它让贸易双方各尽其能，并达到合作共赢的状态。产业链的形成则使原本的产品再次组合，具备更多的功能。多姿多彩的世界，一定离不开形形色色的自由组合。

|行为篇|

14
Chapter

| 第 14 章 | 模板方法

　　模板是对多种事物的结构、形式、行为的模式化总结，而模板方法模式（Template Method）则是对一系列类行为（方法）的模式化。我们将总结出来的行为规律固化在基类中，对具体的行为实现则进行抽象化并交给子类去完成，如此便实现了子类对基类模板的套用。

　　模板方法模式非常类似于定制表格（如本章封面图所示），设计者先将所有需要填写的信息头（字段名）抽取出来，再将它们整合在一起成为一种既定格式的表格，最后让填表人按照这个标准化模板去填写自己特有的信息，而不必为书写内容、先后顺序、格式而感到困扰。

14.1　生存技能

　　除了填写表格，我们的现实生活中还有很多模板方法模式的实例，如工作流程、项目管理等。我们先从一个简单的例子开始。如图 14-1 所示，哺乳动物的生存技能（行为）是多样化的，有的能上天，有的能入海，但都离不开觅食这个过程，如鲸在海里觅食，蝙蝠在空中捕捉昆虫，而人类则可以利用各种交通工具到想去的地方用餐。

图 14-1　哺乳动物中的海陆空

　　如图 14-1 所示，既然鲸、人类、蝙蝠都是动物，那么一定得具备动物最基本的生存技能，所以我们建模时要体现其"动"与"吃"这两种本能行为，缺一不可。基于此，我们开始代码实战，先从动物生活之地——大海开始定义鲸类，请参看代码清单 14-1。

代码清单 14-1　鲸类 Whale

```
1.  public class Whale {
2.
3.      public void move() {
4.          System.out.print("鲸在水里游着……");
5.      }
```

```
6.
7.    public void eat() {
8.        System.out.println("捕鱼吃。");
9.    }
10.
11.   public void live() {
12.       move();
13.       eat();
14.   }
15.
16. }
```

如代码清单 14-1 所示，鲸类第 3 行的移动方法 move() 以游泳的方式展现其移动能力，接着第 7 行的进食方法 eat() 则展现其吃鱼这种行为特征，最后第 11 行的生存方法 live() 则依次调用前两者，以展现其游动身体捕鱼吃的生存方式。接下来人类以另一种生存方式出现了，请参看代码清单 14-2。

代码清单 14-2　人类 Human

```
1.  public class Human {
2.
3.     public void move() {
4.         System.out.print("人类在路上开着车……");
5.     }
6.
7.     public void eat() {
8.         System.out.println("去公司挣钱、吃饭。");
9.     }
10.
11.    public void live() {
12.        move();
13.        eat();
14.    }
15.
16. }
```

如代码清单 14-2 所示，作为高级动物的人类同样需要移动与进食，但人类不能像鲸那样在水下生存，更不会用嘴捕鱼。人类利用自己的聪明才智发明了交通工具，可以在第 3 行的移动方法 move() 中开车上路，并且在第 7 行的进食方法 eat() 中施展人类最为普遍的生存技能：上班、挣钱、吃饭。至于蝙蝠当然是飞行着才能捉到虫子吃，我们先暂停一下，不急着去实现。

尽管人类的生存技能与鲸不同，但请注意代码第 11 行的生存方法 live()（生存方式）与鲸完全一致。也就是说，无论是鲸还是人类，都必须通过"移动"与"进食"才能活下去，这也是动物必须遵从的基本生存法则。

14.2 生存法则

从之前的代码中我们可以看到，虽然哺乳动物的生存技能有着天壤之别，但它们的生存方法 live() 毫无二致。倘若为每种动物都编写一遍同样的方法，必定会造成代码冗余。我们不如将这个生存法则抽离出来，就像表格一样，作为一个通用的模板方法，定义在哺乳动物类中，请参看代码清单 14-3。

代码清单 14-3　哺乳动物类 Mammal

```
1.  public abstract class Mammal {
2.
3.      public abstract void move();
4.
5.      public abstract void eat();
6.
7.      public final void live() {
8.         move();
9.         eat();
10.     }
11.
12. }
```

如代码清单 14-3 所示，哺乳动物类在第 3 行与第 5 行分别定义了"移动"与"进食"两种动物本能，利用抽象方法关键字"abstract"声明凡是哺乳动物必须实现这两个行为。接着第 7 行的生存方法 live() 则以实体方法的形式出现，这就意味着所有哺乳动物都要以此为模板，这便是我们要抽离出来的模板方法了。可以看到第 8 行与第 9 行我们在模板方法中分别调用了 move() 方法与 eat() 方法，固化下来的生存法则必须先"移动"再"进食"才能完成"捕食"。此外，我们使用了关键字"final"使此模板方法不能被重写修改。哺乳动物类已经完成，我们得重构之前的鲸类与人类的代码，请参看代码清单 14-4、代码清单 14-5。

代码清单 14-4　鲸类 Whale

```
1.  public class Whale extends Mammal {
2.
3.      @Override
4.      public void move() {
5.         System.out.print("鲸在水里游着……");
6.      }
7.
8.      @Override
9.      public void eat() {
10.        System.out.println("捕鱼吃。");
11.     }
12.
13. }
```

代码清单 14-5　人类 Human

```
1.  public class Human extends Mammal {
2.
3.      @Override
4.      public void move() {
5.          System.out.print("人类在路上开着车……");
6.      }
7.
8.      @Override
9.      public void eat() {
10.         System.out.println("去公司挣钱吃饭。");
11.     }
12.
13. }
```

如代码清单 14-4、代码清单 14-5 所示，鲸类与人类都继承了哺乳动物基类，较之前的代码更加简单了，它们只需要实现自己独特的生存技能 move() 与 eat()，至于生存方法 live() 则直接由基类而来。哺乳动物的基因模板得以继承，容不得半点改动。至此，模板方法模式已经构建完成，如果还有其他哺乳动物加入，只需照猫画虎，例如我们未完成的蝙蝠类，请参看代码清单 14-6。

代码清单 14-6　蝙蝠类 Bat

```
1.  public class Bat extends Mammal {
2.
3.      @Override
4.      public void move() {
5.          System.out.print("蝙蝠在空中飞着……");
6.      }
7.
8.      @Override
9.      public void eat() {
10.         System.out.println("抓小虫吃。");
11.     }
12.
13. }
```

如代码清单 14-6 所示，蝙蝠让天空也出现了哺乳动物的身影。至此，哺乳动物遍布海、陆、空，物种更加丰富多样了。最后我们来看在客户端如何让哺乳动物们生龙活虎起来，请参看代码清单 14-7。

代码清单 14-7　客户端类 Client

```
1.  public class Client {
2.
3.      public static void main(String[] args) {
4.          Mammal mammal = new Bat();
5.          mammal.live();
6.
```

```
7.        mammal = new Whale();
8.        mammal.live();
9.
10.       mammal = new Human();
11.       mammal.live();
12.
13.       /*输出
14.          蝙蝠在空中飞着……抓小虫吃。
15.          鲸在水里游着……捕鱼吃。
16.          人类在路上开着车……去公司挣钱吃饭。
17.        */
18.    }
19.
20. }
```

如代码清单 14-7 所示，哺乳动物统一调用了通用的模板方法 live()，以此作为生存法则就能很好地存活下去。可以看到第 13 行的输出中，动物们都拥有各自的生存技能，在自然环境下各显神通。

14.3　项目管理模板

模板方法非常简单实用，我们可以让它再包含一些逻辑，就像一套既定的工作流程，来为后人铺路。如图 14-2 所示，当我们做一些简单的软件项目管理时，常常会采用传统的瀑布模型，这时我们可以把整个项目周期分为 5 个阶段，分别是需求分析、软件设计、代码开发、质量测试、上线发布。

要以模板方法模式来实现项目管理的瀑布模型，我们首先得定义一个瀑布模型项目管理类，抽象出所有项目阶段以供实体方法调用，请参看代码清单 14-8。

图 14-2　软件项目管理

代码清单 14-8　瀑布模型项目管理类 PM

```
1. public abstract class PM {
2.
3.    public abstract String analyze();//需求分析
4.
5.    public abstract String design(String project);//软件设计
6.
```

```
7.    public abstract String develop(String project);//代码开发
8.
9.    public abstract boolean test(String project);//质量测试
10.
11.   public abstract void release(String project);//上线发布
12.
13.   protected final void kickoff() {
14.       String requirement = analyze();
15.       String designCode = design(requirement);
16.       do {
17.           designCode = develop(designCode);
18.       } while (!test(designCode));//如果测试失败则需修改代码
19.       release(designCode);
20.   }
21.
22. }
```

如代码清单 14-8 所示，瀑布模型项目管理类从第 3 行到第 11 行分别声明了项目管理周期中各阶段的分步抽象方法，其中包括需求分析 analyze()、软件设计 design()、代码开发 develop()、质量测试 test()、上线发布 release()。这些步骤的实现统统由子类去自由发挥，例如第 9 行的质量测试方法 test()，子类可以进行人工测试，也可以实现自动化测试，此处不必关心这些实现细节。站在项目管理的角度来看，抽象类应该关注的是对大局的操控，把控项目进度，避免造成资源浪费，譬如程序员在没有确立技术框架的情况下就进行代码开发，难免会引入不必要的工作量，可见模板方法的重要性。基于此，我们在代码第 13 行定义了模板方法，在项目启动方法 kickoff() 中从宏观上制订了整个项目的固定流程，由第 14 行开始首先进行需求分析，再交给架构师进行软件设计，接着程序员设计文档进行代码开发或者修改 bug 的迭代流程，直至测试通过为止，最终上线发布。整个项目的实施阶段被组织起来，充分展现了瀑布模型项目周期。

瀑布模型的模板已经准备就绪，下面轮到具体的项目子类去填补（实现）空缺了。碰巧这时公司决定开发一套人力资源管理系统，由于项目比较简单，预估在一个季度内就能完成，因此项目组决定用瀑布模型进行管理。于是我们果断立项并继承了瀑布模型模板，请参看代码清单 14-9。

代码清单 14-9 人力资源管理系统项目类 HRProject

```
1.  public class HRProject extends PM {
2.
3.      private Random random = new Random();
4.
5.      @Override
6.      public String analyze() {
7.          System.out.println("分析师：需求分析……");
8.          return "人力资源管理系统需求";
```

```
9.      }
10.
11.     @Override
12.     public String design(String project) {
13.         System.out.println("架构师：程序设计……");
14.         return "设计 (" + project + ")";
15.     }
16.
17.     @Override
18.     public String develop(String project) {
19.         //修复bug
20.         if (project.contains("bug")) {
21.             System.out.println("开　发：修复bug……");
22.             project = project.replace("bug", "");
23.             project = "修复 (" + project + ")";
24.             if (random.nextBoolean()) {
25.                 project += "bug";//可能会引起另一个bug
26.             }
27.             return project;
28.         }
29.
30.         //开发系统功能
31.         System.out.println("开　发：写代码……");
32.         if (random.nextBoolean()) {
33.             project += "bug";//可能会产生bug
34.         }
35.         return "开发 (" + project + ")";
36.     }
37.
38.     @Override
39.     public boolean test(String project) {
40.         if (project.contains("bug")) {
41.             System.out.println("测　试：发现bug……");
42.             return false;
43.         }
44.         System.out.println("测　试：用例通过……");
45.         return true;
46.     }
47.
48.     @Override
49.     public void release(String code) {
50.         System.out.println("管理员：上线发布……");
51.         System.out.println("====================最终产品====================");
52.         System.out.println(code);
53.         System.out.println("============================================");
54.     }
55. }
```

如代码清单 14-9 所示，人力资源管理系统项目类继承了瀑布模型项目管理类，并按照项目自身特性实现了所有项目阶段的分步方法，如第 18 行的开发方法 develop()，如果代码包含 bug 则首先修复，否则开发系统功能，此过程也许会引入新的 bug，所以第 39 行的测试方法 test() 会发现 bug 并进行上报，以保证产品质量。更多的实现细节请读者自行思考、实践，我们就不做过多解释了。

　　除此之外，人力资源管理系统还需要与外部应用进行交互，由于只需要提供几个简单的功能接口，因此项目组决定不分配过多的资源，所有工作都由开发人员完成。项目同样使用瀑布模型模板进行管理，请参看代码清单 14-10。

代码清单 14-10　API 项目类 APIProject

```
1.  public class APIProject extends PM {
2.
3.      private Random random = new Random();
4.
5.      @Override
6.      public String analyze() {
7.          System.out.println("开　发：了解需求……");
8.          return "市场占比统计报表API";
9.      }
10.
11.     @Override
12.     public String design(String project) {
13.         System.out.println("开　发：调研微服务框架……");
14.         return "设计 (" + project + ")";
15.     }
16.
17.     @Override
18.     public String develop(String project) {
19.         //API功能开发
20.         System.out.println("开　发：业务代码修改及开发……");
21.         project = project.replaceAll("bug", "");
22.         project = "开发 (" + project + (random.nextBoolean() ? "bug)" : ")");
23.         return project;
24.     }
25.
26.     @Override
27.     public boolean test(String project) {
28.         //单元测试、集成测试
29.         System.out.println("平　台：自动化单元测试、集成测试……");
30.         return !project.contains("bug");
31.     }
32.
33.     @Override
34.     public void release(String project) {
35.         System.out.println("开　发：发布至云服务平台……");
36.         System.out.println("====================最终产品====================");
37.         System.out.println(project);
38.         System.out.println("================================================");
39.     }
40.
41. }
```

　　如代码清单 14-10 所示，由于 API 项目的特殊性，开发人员承担了所有工作，代码逻辑看起来也相对简单。例如在第 12 行的软件设计方法 design() 中，开发人员研究了微服务框架并省去了很多代码开发工作，在第 18 行的开发方法 develop() 中开发人员一并完成了 bug 修复及 API 功能开发工作，第 27 行的测试方法 test() 将测试工作交给了自动化测试平台，测试自动化省去了很多人力成本……最后，我们来看项目管理者如何开展这两个项目，请参看代码清单 14-11。

代码清单 14-11　客户端类 Client

```
1.   public class Client {
2.
3.     public static void main(String[] args) {
4.         PM pm = new HRProject();
5.         pm.kickoff();
6.         /*输出
7.             分析师：需求分析……
8.             架构师：程序设计……
9.             开　发：写代码……
10.            测　试：发现bug……
11.            开　发：修复bug……
12.            测　试：发现bug……
13.            开　发：修复bug……
14.            测　试：用例通过……
15.            管理员：上线发布……
16.            ==================最终产品==================
17.            修复（修复（开发（设计（人力资源管理系统需求))))
18.            ==========================================
19.         */
20.
21.        pm = new APIProject();
22.        pm.kickoff();
23.        /*输出
24.            开　发：了解需求……
25.            开　发：调研微服务框架……
26.            开　发：业务代码修改及开发……
27.            平　台：自动化单元测试、集成测试……
28.            开　发：业务代码修改及开发……
29.            平　台：自动化单元测试、集成测试……
30.            开　发：发布至云服务平台……
31.            ==================最终产品==================
32.            开发（开发（设计（市场占比统计报表API)))
33.            ==========================================
34.         */
35.     }
36.
37. }
```

　　如代码清单 14-11 所示，人力资源管理系统项目参与人员更多，开发与测试迭代了几轮后才得以交付上线；API 项目则没有耗费太多的资源，大部分工作由开发人员自行完成。虽然这两个项目的具体实施细节有很大区别，但它们的项目管理工作都是从模板中继承而来的，都按照瀑布模型的模板方法来进行。换句话说，各个项目的具体实施方法可以根据项目特性自由发挥，但项目流程的管理规范则必须按照既定模板（模板方法）来实行。

> **注意**
>
> 　　当然，对于基类模板中的步骤方法并不是必须要用抽象方法，而是完全可以用实体方法去实现一些通用的操作。如果子类需要个性化就对其进行重写变更，不需要就直接继承。做软件设计切勿生搬硬套、照本宣科，能够根据具体场景进行适当的变通，才是对设计模式更灵活、更恰当的运用。

14.4　虚实结合

　　总之，模板方法模式可以将总结出来的规律沉淀为一种既定格式，并固化于模板中以供子类继承，对未确立下来的步骤方法进行抽象化，使其得以延续、多态化，最终架构起一个平台，使系统实现在不改变预设规则的前提下，对每个分步骤进行个性化定义的目的。下面我们来拆解模板方法模式的类结构，如图 14-3 所示。

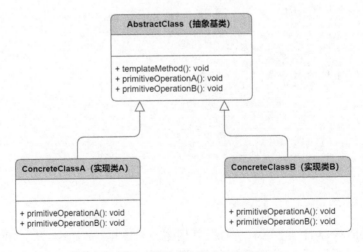

图 14-3　模板方法模式的类结构

模板方法模式的各角色定义如下。

- AbstractClass（抽象基类）：定义出原始操作步骤的抽象方法（primitiveOperation）以供子类实现，并作为在模板方法中被调用的一个步骤。此外还实现了不可重写的模板方法，其可将所有原始操作组织起来成为一个框架或者平台。对应本章例程中的瀑布模型项目管理类 PM。

- ConcreteClassA、ConcreteClassB（实现类 A、实现类 B）：继承自抽象基类并且对所有的原始操作进行分步实现，可以有多种实现以呈现每个步骤的多样性。对应本章例程中的人力资源管理系统项目类 HRProject、API 项目类 APIProject。

模板方法模式巧妙地结合了抽象类虚部方法与实部方法，分别定义了可变部分与不变部分，其中前者留给子类去实现，保证了系统的可扩展性；而后者则包含一系列对前者的逻辑调用，为子类提供了一种固有的应用指导规范，从而达到虚中带实、虚实结合的状态。正所谓"人法地、地法天、天法道、道法自然"，虚实结合、刚柔并济才能灵活且不失规范。

| 第 15 章 | 迭代器

迭代，在程序中特指对某集合中各元素逐个取用的行为。迭代器模式（Iterator）提供了一种机制来按顺序访问集合中的各元素，而不需要知道集合内部的构造。换句话讲，迭代器满足了对集合迭代的需求，并向外部提供了一种统一的迭代方式，而不必暴露集合的内部数据结构。

15.1　物以类聚

迭代的过程是基于一系列数据展开的，所以集合是不得不提的概念。物以类聚，集合是由一个或多个确定的元素构成的整体，其实就是把一系列类似的元素按某种数据结构集结起来，作为一个整体来引用，以便于维护。简单来讲，可以把集合理解为"一堆"或者"一群"类似的元素集结起来的整体。为了承载不同的数据形式，集合类提供了多种多样的数据结构，如我们常用的 ArrayList、HashSet、HashMap 等，具体分类结构如图 15-1 所示。

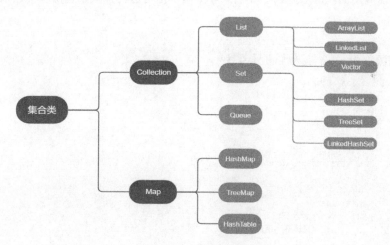

图 15-1　集合类结构

每种集合都有不同的特性，可以满足对各种数据结构的承载需求。有了集合才会产生对其迭代的需求，而每种数据结构的迭代方式又不尽相同，所以，定义标准化的迭代器势在必行，以提供统一、通用的使用方法。

15.2　循环往复

遍历是一种周而复始的体现。生活中也有很多这样的场景，例如生产线上对每件产品加工过程的重复，再如读书时对每一页的翻阅动作的重复。为了达到遍历的目的，对元素的迭代是必不可少的。而迭代器则可以帮助我们对当前状态进行自动记录，并提供获取下一个元素的方法。如图 15-2 所示，书是由很多页元素组成的集合，我们读书时通常是从前往后翻阅，这时页码会按翻阅顺序逐步增大，如此才能将书页连接起来以保证内容的连续性和完整性，这个过程就可以被看作对整本书的迭代遍历。

在我们的阅读过程中，有时会用到一些工具来记录我们的阅读状态，例如大家常常用到的书签，我们会将它夹在书页中标记当前的阅读位置，下次阅读时就不会忘记上次读到哪一页了。从某种程度上讲，书签有点类似于迭代器的角色，它记录着读者访问书页的迭代状态。

图 15-2 书籍翻阅

当然，不迭代也是可以进行遍历的，但会不可避免地产生大量重复代码。我们先来看一个反例，仍以读书为例，我们来看如何不使用迭代方式来遍历全书，请参看代码清单 15-1。

代码清单 15-1 非迭代遍历全书

```
1.  public class Book {
2.
3.    class Page {
4.      private int index;
5.
6.      public Page(int index){
7.        this.index = index;
8.      }
9.
10.     @Override
11.     public String toString(){
12.       return "阅读第" + this.index + "页";
13.     }
14.   }
15.
16.   private List<Page> pages = new ArrayList<>();
17.
18.   public Book(int pageSize) {
19.     for (int i = 0; i < pageSize; i++) {
20.       pages.add(new Page(i+1));
21.     }
22.   }
23.
24.   public void read(){
25.     System.out.println(pages.get(0));
26.     System.out.println(pages.get(1));
```

```
27.          System.out.println(pages.get(2));
28.          System.out.println(pages.get(3));
29.          System.out.println("......");
30.          System.out.println(pages.get(99));
31.      }
32.
33. }
```

如代码清单 15-1 所示，基于常见的 ArrayList 作为页的集合，我们可以看到这是一本 100 页的书。第 24 行的阅读方法 read() 的确对全书进行了遍历，但其中除了页码不同，每行代码完全是一模一样的，如此重复且硬编码的遍历方式绝对是不可取的。所以我们改用循环迭代的方式进行遍历，如此不但能大量减少代码量，而且不必考虑书页数量，最终同样能达到遍历全书的目的。下面我们可用 foreach 循环来完成这个任务，请参看代码清单 15-2。

代码清单 15-2　迭代遍历全书

```
1.      //之前代码省略
2.      public void read(){
3.          for (Page page : pages) {
4.              System.out.println(page);
5.          }
6.      }
```

> **小贴士**
>
> 　foreach 是 Java5 中引入的一种 for 的语法增强。如果我们对 class 文件进行反编译就会发现，对 Collection 接口的各种实现类来说，foreach 本质上还是通过获取迭代器（Iterator）来遍历的。

15.3　遍历标准化

不同的数据结构需要不同的集合类，而针对不同的集合类的迭代方式也不尽相同，如 for、foreach、while，甚至 Java8 引入的流式遍历等。举个例子，我们可以使用传统的 for 循环对 List 集合进行迭代遍历，而对于 Set 集合，for 循环就无能为力了，这是因为 Set 本身集合不存在 index 索引号，所以必须用 foreach 循环（迭代器 Iterator）进行遍历。难道就没有一种通用的迭代标准，能让调用者使用统一的方式进行遍历吗？如果我们深究源码就会发现，Collection 接口中有这样一个接口，请参看代码清单 15-3。

代码清单 15-3　Collection 接口源码

```
/**
 * Returns an iterator over the elements in this collection.  There are no
 * guarantees concerning the order in which the elements are returned
 * (unless this collection is an instance of some class that provides a
 * guarantee).
 *
 * @return an <tt>Iterator</tt> over the elements in this collection
 */
Iterator<E> iterator();
```

如代码清单 15-3 所示，这是 Collection 接口的一段源码，可以看到其明确声明了获取迭代器的接口 iterator()，通过调用这个接口就可以返回标准的迭代器对象。既然有了这种标准，那么 Collection 这集合类就可以实现自己的迭代器。而 Map 集合也可以按照同样的方式，从其 EntrySet 中获取迭代器。可见，标准化的迭代器其实已经被各种集合类实现了，否则用户就无法站在 Collection 接口的抽象高度上对任何集合进行统一遍历。

举一个形象的例子，如图 15-3 所示，作为一种拥有特殊数据结构的集合，弹夹可以容纳多颗子弹。向弹夹内装填子弹与压栈操作非常类似，而射击则类似于出栈操作。首先要弹出最后一次装填的子弹，子弹发射后再弹出下一颗子弹，直到弹出装填的第一颗子弹为止，最后弹夹被清空，遍历结束。这与栈集合"先进后出，后进先出"的数据结构如出一辙。

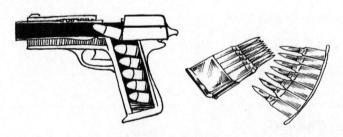

图 15-3　弹夹集合

除了这些，弹夹的结构其实还有很多种，不同的数据结构使它们的迭代逻辑也有所不同。而站在枪支的角度看（集合的使用者），它对弹夹的内部构造一无所知，因此将各种弹夹的遍历方式标准化就显得非常重要。于是我们就需要让所有弹夹都提供标准统一的迭代接口，这样枪支与其对接后只需简单地调用接口就能取出下一颗子弹了，以此遍历直到取空为止。从逻辑层面上讲，遍历方式的标准化使枪支可以使用任何类型的弹夹。

15.4　分离迭代器

在 15.3 节的例程中，我们使用了比较普遍的数据结构 ArrayList，它是 JDK 自带的集合类实现，所以我们能够顺理成章地使用标准迭代方式进行遍历。倘若我们需要新定义一个特殊的集合类，那么该如何进行迭代呢？下面我们来挑战一个比较复杂的数据结构，其迭代器的实现一定会更加有趣。

如图 15-4 所示，汽车前挡风玻璃上安装了一台行车记录仪，它最主要的一项功能就是记录行驶路途中所拍摄的视频信息，以防发生交通事故后作为证据之用。我们知道，行车记录仪所记录下来的视频文件是比较大的，同时其存储空间又是有限的，那么它是怎样确保一直不间断地录制视频，并且存储空间不被占满呢？这就需要我们深究其内部数据结构了。

图 15-4　行车记录仪

其实，行车记录仪的视频录制存盘操作有循环覆写的特性，待空间不够用时，新录的视频就会覆盖最早的视频，以首尾相接的环形结构来解决存储空间有限的问题。好，我们开始构建这个数据模型，首先定义一个行车记录仪类，请参看代码清单 15-4。

代码清单 15-4　行车记录仪类 DrivingRecorder

```
1.  public class DrivingRecorder {
2.
3.      private int index = -1;// 当前记录位置
4.      private String[] records = new String[10];// 假设只能记录10条视频
5.
6.      public void append(String record) {
7.          if (index == 9) {// 索引重置，从头覆盖
8.              index = 0;
```

```
9.          } else {//正常覆盖下一条
10.            index++;
11.          }
12.        records[index] = record;
13.      }
14.
15.      public void display() {// 循环数组并显示所有10条记录
16.        for (int i = 0; i < 10; i++) {
17.          System.out.println(i + ": " + records[i]);
18.        }
19.      }
20.
21.      public void displayByOrder() {//按顺序从新到旧显示10条记录
22.        for (int i = index, loopCount = 0; loopCount < 10; i = i == 0 ? i = 9 : i - 1, loopCount++) {
23.          System.out.println(records[i]);
24.        }
25.      }
26.
27. }
```

如代码清单 15-4 所示，假设行车记录仪的存储空间只够存储 10 条视频，我们首先在第 4 行定义了一个原始的字符串数组 records，用来模拟视频记录，并在第 3 行用一个索引 index 来标记当前记录所在位置。当用户调用第 6 行的 append() 方法插入视频之前，我们得先看空间有没有满，如果满了就把索引调整到起始位置再记录视频，也就是覆盖索引第一个位置的视频，否则将索引加 1 覆盖下一条视频。视频循环覆盖逻辑已经完成了，为了给用户显示，我们提供了两个显示方法：一个是第 15 行的 display() 方法，可以按默认数组顺序显示；另一个是第 21 行的 displayByOrder() 方法，可以根据用户习惯从新到旧地显示内容。此处循环逻辑有些复杂，但不是我们的关注重点，读者可以略过。下面客户端开始使用这个行车记录仪了，请参看代码清单 15-5。

代码清单 15-5　客户端类 Client

```
1.  public class Client {
2.
3.    public static void main(String[] args) {
4.      DrivingRecorder dr = new DrivingRecorder();
5.      //假设要记录12条视频
6.      for (int i = 0; i < 12; i++) {
7.        dr.append("视频_" + i);
8.      }
9.      dr.display();
10.     /*按原始顺序显示，【视频0】与【视频1】分别被【视频10】与【视频11】覆盖了
11.         0: 视频_10
12.         1: 视频_11
13.         2: 视频_2
14.         3: 视频_3
15.         4: 视频_4
```

```
16.          5: 视频_5
17.          6: 视频_6
18.          7: 视频_7
19.          8: 视频_8
20.          9: 视频_9
21.      */
22.      dr.displayByOrder();
23.      /*按顺序从新到旧显示
24.          视频_11
25.          视频_10
26.          视频_9
27.          视频_8
28.          视频_7
29.          视频_6
30.          视频_5
31.          视频_4
32.          视频_3
33.          视频_2
34.      */
35.  }
36.
37. }
```

　　如代码清单 15-5 所示，客户端一共记录了 12 条视频，超出了行车记录仪存储空间的最大容量数（10 条视频），这会不会导致行车记录仪存储空间的溢出异常呢？实践出真知，我们在第 9 行调用了它的显示方法 display()，正如运行结果显示，"视频_10"和"视频_11"这 2 条视频先后分别覆盖了最早记录下来的"视频_0"和"视频_1"，一切如愿，行车记录仪的循环覆盖机制工作正常。

　　然而，我们只实现了简单的显示功能，如果用户需要使用集合中的原始数据，该如何遍历所有记录呢？我们提供的接口貌似过于死板，可扩展性不够。有读者可能会说，直接将数据记录 records 暴露出去给用户不就可以了吗？如此简单粗暴的做法确实能达到目的，但是这会严重破坏行车记录仪的数据逻辑封装。用户对索引位置等内部状态信息一无所知，也不会进行维护，如果用户随意对数据进行增加或删除就会导致索引位置错乱，再继续记录很可能会覆盖最新、最重要的视频信息，导致用户数据安全无法得到保证。

　　看来定义迭代器是有必要的，如此我们不但可以避免用户随意操作而导致的内部逻辑混乱，还能提供给用户更方便、统一的数据遍历接口。我们知道，集合只是一个数据的容器，不应该对数据的迭代负责，所以我们应该将迭代逻辑抽离出来，独立于迭代器中。下面我们来定义迭代器接口，请参看代码清单 15-6。

代码清单 15-6　迭代器接口 Iterator

```
1.  public interface Iterator<E> {
2.
3.      E next();//返回下一个元素
```

```
4.
5.    boolean hasNext();//是否还有下一个元素
6.
7.  }
```

如代码清单 15-6 所示，迭代器接口中只定义了两个功能接口，其中第 3 行的
next() 方法用于返回下一个元素，而第 5 行的 hasNext() 方法用于询问迭代器是否还
有下一个元素，此处我们做了适度简化，当然直接使用 Java 工具包 util 中自带的
Iterator 接口也是可以的。接下来我们就要对之前的行车记录仪进行重构了，首先我
们让它实现 JDK 提供的接口 Iterable（代码比较简单，我们就不亲自写了，读者可以
自行查看源码），使其拥有创建迭代器 iterator 的能力，请参看代码清单 15-7。

代码清单 15-7　行车记录仪类 DrivingRecorder

```
1.  public class DrivingRecorder implements Iterable<String>{
2.
3.      private int index = -1;// 当前记录位置
4.      private String[] records = new String[10];// 假设只能记录10条视频
5.
6.      public void append(String record) {
7.          if (index == 9) {//索引重置，从头覆盖
8.              index = 0;
9.          } else {
10.             index++;
11.         }
12.         records[index] = record;
13.     }
14.
15.     @Override
16.     public Iterator<String> iterator() {
17.         return new Itr();
18.     }
19.
20.     private class Itr implements Iterator<String> {
21.         int cursor = index;// 迭代器游标,不波及原始集合索引
22.         int loopCount = 0;
23.
24.         @Override
25.         public boolean hasNext() {
26.             return loopCount < 10;
27.         }
28.
29.         @Override
30.         public String next() {
31.             int i = cursor;// 记录即将返回的游标位置
32.             if (cursor == 0) {
33.                 cursor = 9;
34.             } else {
35.                 cursor--;
36.             }
```

```
37.            loopCount++;
38.            return records[i];
39.        }
40.    };
41.
42. }
```

如代码清单 15-7 所示，行车记录仪类在第 16 行实现了 Iterable 接口的 iterator()
方法，并实例化一个迭代器并返回客户端。接着我们在第 20 行以内部类的形式实现
了行车记录仪的迭代器，这样就能使迭代器轻松访问行车记录仪的私有数据集，并同
时达到了迭代器与集合分离的目的。迭代器实现的重点在于第 21 行定义的迭代器游
标 cursor，我们将其初始化为集合索引的位置，二者相对独立，自此再无瓜葛。接着
是对迭代器接口标配的 2 个方法 hasNext() 与 next() 的实现，相较于重构之前，代码
看起来简单多了，相信读者可以轻松理解，我们就不赘述了。最后，客户端可以进行
遍历了，请参看代码清单 15-8。

代码清单 15-8 客户端 Client

```
1.  public class Client {
2.
3.      public static void main(String[] args) {
4.          DrivingRecorder dr = new DrivingRecorder();
5.
6.          // 假设记录了12条视频
7.          for (int i = 0; i < 12; i++) {
8.              dr.append("视频_" + i);
9.          }
10.
11.         //用户的U盘，用于复制交通事故视频
12.         List<String> uStorage = new ArrayList<>();
13.
14.         //获取迭代器
15.         Iterator<String> it = dr.iterator();
16.
17.         while (it.hasNext()) {//如果还有下一条则继续迭代
18.             String video = it.next();
19.             System.out.println(video);
20.             //用户翻看视频发现第10条和第8条可作为证据
21.             if("视频_10".equals(video) || "视频_8".equals(video)){
22.                 uStorage.add(video);
23.             }
24.         }
25.
26.         /*从新到旧输出结果
27.             视频_11
28.             视频_10
29.             视频_9
30.             视频_8
31.             视频_7
```

```
32.              视频_6
33.              视频_5
34.              视频_4
35.              视频_3
36.              视频_2
37.      */
38.
39.      //最后将U盘交给交警查看
40.      System.out.println("事故证据: " + uStorage);
41.      /*输出结果
42.          事故证据: [视频_10, 视频_8]
43.      */
44.    }
45.
46. }
```

如代码清单 15-8 所示,依然假设行车记录仪记录了 12 条视频,在用户对视频集进行遍历前首先于第 15 行获取迭代器,然后利用迭代器 Iterator 的 hasNext() 方法作为 while 循环的条件,如果有下一条数据则继续迭代,否则结束遍历。循环体内我们调用迭代器的 next() 方法获取下一条数据进行处理,直至循环结束。可以看到,第 21 行用户将"视频_10"与"视频_8"复制至 U 盘作为证据,最终在第 42 行成功输出结果。

至此,我们实现的迭代器已经基本完成,用户不但可以使用 Iterator 进行迭代,而且 foreach 循环也得到了支持,用户再也不必为捉摸不定的迭代方式而犯愁了。当然,为保持简单,我们并没有实现迭代器的所有功能接口,例如对 remove() 功能接口的实现,利用这个接口用户便可以删除视频记录了。读者可以在此基础上继续代码实践,需要注意的是对迭代器游标的控制。

15.5　鱼与熊掌兼得

最后,我们来整理一下集合迭代器的整个实现过程。为了完成对各种集合类的遍历,我们定义了统一的迭代器接口 Iterator,基于此我们让集合以内部类的方式实现其特有的迭代逻辑,再将自己标记为 Iterable 并返回迭代器实例,以证明自己是具备迭代能力的。具体的集合内部结构与迭代逻辑对于客户端这个"局外人"是透明的,客户端只需要知道这个集合是可以迭代的,并向集合发起迭代请求以获取迭代器即可以进行标准方式的遍历了。我们来看迭代器模式的类结构,如图 15-5 所示。

迭代器模式的各角色定义如下。

- Aggregate（集合接口）:集合标准接口,一种具备迭代能力的指标。对应本章例程中的 Iterable 接口。

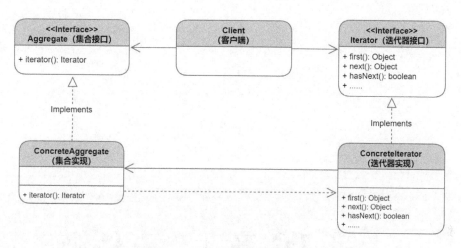

图 15-5　迭代器模式的类结构

- ■ ConcreteAggregate（集合实现）：实现集合接口 Aggregate 的具体集合类，可以实例化并返回一个迭代器以供外部使用。对应本章例程中的行车记录仪类 DrivingRecorder。

- ■ Iterator（迭代器接口）：迭代器的接口标准，定义了进行迭代操作所需的一些方法，如 next()、hasNext() 等。

- ■ ConcreteIterator（迭代器实现）：迭代器接口 Iterator 的具体实现类，记录迭代状态并对外部提供所有迭代器功能的实现。

- ■ Client（客户端）：集合数据的使用者，需要从集合获取迭代器再进行遍历。

对于任何类型的集合，要防止内部机制不被暴露或破坏，以及确保用户对每个元素有足够的访问权限，迭代器模式起到了至关重要的作用。迭代器巧妙地利用了内部类的形式与集合类分离，然则"藕断丝连"，迭代器依然对其内部的元素保有访问权限，如此便促成了集合的完美封装，在此基础上还提供给用户一套标准的迭代器接口，使各种繁杂的遍历方式得以统一。迭代器模式的应用，能在内部事务不受干涉的前提下，保持一定的对外部开放，让我们"鱼与熊掌兼得"。

| 第 16 章 | 责任链

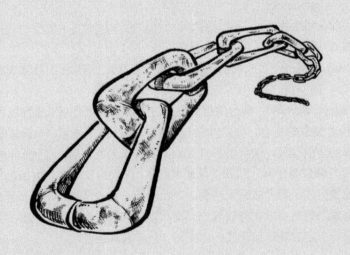

　　责任链是由很多责任节点串联起来的一条任务链条，其中每一个责任节点都是一个业务处理环节。责任链模式（Chain of Responsibility）允许业务请求者将责任链视为一个整体并对其发起请求，而不必关心链条内部具体的业务逻辑与流程走向，也就是说，请求者不必关心具体是哪个节点起了作用，总之业务最终能得到相应的处理。在软件系统中，当一个业务需要经历一系列业务对象去处理时，我们可以把这些业务对象串联起来成为一条业务责任链，请求者可以直接通过访问业务责任链来完成业务的处理，最终实现请求者与响应者的解耦。

16.1　简单的生产线

　　倘若一个系统中有一系列零散的功能节点，它们都负责处理相关的业务，但处理方式又各不相同。这时客户面对这么一大堆功能节点可能无从下手，根本不知道选择哪个功能节点去提交请求，返回的结果也许只是个半成品，还得再次提交给下一个功能节点，处理过程相当烦琐。虽然从某种角度看，每个功能节点均承担各自的义务，分工明确、各司其职，但从外部来看则显得毫无组织，团队犹如一盘散沙。所以为了更高效、更完整地解决客户的问题，各节点一定要发扬团队精神，利用责任链模式组织起来，形成一个有序、有效的业务处理集群，为客户提供更方便、更快捷的服务。

　　以最简单的责任链举例，汽车生产线的制造流程就使用了这种模式。首先我们进行劳动分工，将汽车零件的安装工作拆分并分配给各安装节点，责任明确划分；然后架构生产线，将安装节点组织起来，首尾相接，规划操作流程；最终，通过生产线的传递，汽车便从零件到成品得以量产，生产效率大大提升。

　　如图 16-1 所示，我们将汽车生产线从左至右分为 3 个功能节点，其中 A 节点负责组装车架、安装车轮；B 节点负责安装发动机、油箱、传动轴等内部机件；C 节点进行组装外壳、喷漆等操作，这样将产品逐级传递，每经过一个节点就完成一部分工作，最终完成产品交付。

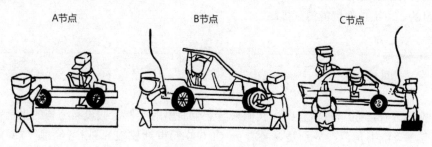

图 16-1　汽车生产线

16.2   工作流程拆分

生产线的例子其实相对机械、简单，我们来看一个带有一些逻辑的责任链：报销审批流程。公司为了更高效、安全规范地把控审核工作，通常会将整个审批工作过程按负责人或者工作职责进行拆分，并组织好各个环节中的逻辑关系及走向，最终形成标准化的审批流程，如图 16-2 所示。

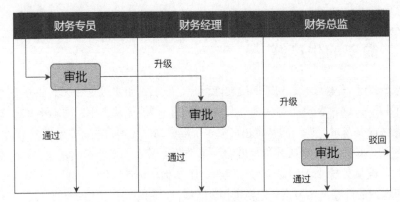

图 16-2   报销审批流程

如图 16-2 所示，审批流程需要依次通过财务专员、财务经理、财务总监的审批。如果申请金额在审批人的审批职权范围内则审批通过并终止流程，反之则会升级至更高层级的上级去继续审批，直至最终的财务总监，如果仍旧超出财务总监的审批金额则驳回申请，流程终止。

我们思考一下该如何设计这个审批流程，如果将业务逻辑写在一个类中去完成，还不至于太烦琐，但是如果需要进一步修改审批流程，我们就必须不断地更改这段逻辑代码，导致可扩展性、可维护性变差，完全谈不上任何设计。因此，我们有必要首先按角色对业务进行拆分，将不同的业务代码放在不同的角色类中，如此达到职权分拆的目的，可维护性也能得到提高。

16.3   踢皮球

基于图 16-2 的审批流程图，我们来做一个简单的实例。假设某公司的报销审批流程有 3 个审批角色，分别是财务专员（1 000 元审批权限）、财务经理（5 000 元审批权限）以及财务总监（10 000 元审批权限），依次对应代码清单 16-1，代码清单 16-2 以及代码清单 16-3。

代码清单 16-1　财务专员类 Staff

```
1.  public class Staff {
2.
3.      private String name;
4.
5.      public Staff(String name) {
6.          this.name = name;
7.      }
8.
9.      public boolean approve(int amount) {
10.         if (amount <= 1000) {
11.             System.out.println("审批通过。【专员：" + name + "】");
12.             return true;
13.         } else {
14.             System.out.println("无权审批，请找上级。【专员：" + name + "】");
15.             return false;
16.         }
17.     }
18.
19. }
```

代码清单 16-2　财务经理类 Manager

```
1.  public class Manager {
2.
3.      private String name;
4.
5.      public Manager(String name) {
6.          this.name = name;
7.      }
8.
9.      public boolean approve(int amount) {
10.         if (amount <= 5000) {
11.             System.out.println("审批通过。【经理：" + name + "】");
12.             return true;
13.         } else {
14.             System.out.println("无权审批，请找上级。【经理：" + name + "】");
15.             return false;
16.         }
17.     }
18.
19. }
```

代码清单 16-3　财务总监类 CFO

```
1.  public class CFO {
2.
3.      private String name;
4.
```

```
5.     public CFO(String name) {
6.         this.name = name;
7.     }
8.
9.     public boolean approve(int amount) {
10.        if (amount <= 10000) {
11.            System.out.println("审批通过。【总监:" + name + "】");
12.            return true;
13.        } else {
14.            System.out.println("驳回申请。【总监:" + name + "】");
15.            return false;
16.        }
17.    }
18.
19. }
```

以代码清单 16-3 为例,第 9 行定义了财务总监类 CFO 的审批方法 approve() 并接受要审批的金额,如果金额在 10 000 元以内则审批通过,否则驳回此申请。3 个审批角色的代码都比较类似,只要超过其审批金额的权限就驳回申请,反之则审批通过。接下来,客户端开始提交申请了,请参看代码清单 16-4。

代码清单 16-4 客户端类 Client

```
1.  public class Client {
2.
3.      public static void main(String[] args) {
4.          int amount = 10000;//出差花费10000元
5.          // 先找专员张飞审批
6.          Staff staff = new Staff("张飞");
7.          if (!staff.approve(amount)) {
8.              //被驳回,找关二爷问问
9.              Manager manager = new Manager("关羽");
10.             if (!manager.approve(amount)) {
11.                 //还是被驳回,只能找老大了
12.                 CFO cfo = new CFO("刘备");
13.                 cfo.approve(amount);
14.             }
15.         }
16.         /************************
17.         无权审批,请找上级。【专员:张飞】
18.         无权审批,请找上级。【经理:关羽】
19.         审批通过。【总监:刘备】
20.         ************************/
21.     }
22.
23. }
```

如代码清单 16-4 所示,第 19 行的处理结果显示审批通过,10 000 元的大额报销单终于被总监审批了。然而这种办事效率确实不敢恭维,申请人先找专员被升级处理,再找经理又被告知数额过大得去找总监,来来回回找了 3 个审批人处理,浪费了

申请人的大量时间与精力。虽然事情是办理了，但申请人非常不满意，审批流程太过烦琐，总觉得有种被踢皮球的感觉。

如果我们后期为了优化和完善这个业务流程而添加新的审批角色，或者进一步增加更加复杂的逻辑，那么情况就会变得更糟。申请人不得不跟着学习这个流程，不停修改自己的申请逻辑，无形中增加了维护成本。

但是对审批人来说，他们只能负责自己职权范围内的业务，否则就是越权，所以处理不了的只能让申请人去找上级。问题到底出在哪里？其实这一切都是工作流架构设计不合理导致的。

16.4　架构工作流

缺少架构的流程不是完备的工作流，否则申请人终将被淹没在一堆复杂的审批流程中。要完全解决申请人与审批人之间的矛盾，我们必须对现有代码进行重构。

经过观察代码清单 16-4 中的审批流程逻辑，我们可以发现审批人的业务之间有环环相扣的关联，对于超出审批人职权范围的申请会传递给上级，直到解决问题为止。这种传递机制就需要我们搭建一个链式结构的工作流，这也是责任链模式的精髓之所在。基于这种思想，我们来重构审批人的代码，请参看代码清单 16-5。

代码清单 16-5　审批人 Approver

```
1.  public abstract class Approver {
2.
3.      protected String name;// 抽象出审批人的姓名
4.      protected Approver nextApprover;// 下一位审批人，更高级别领导
5.
6.      public Approver(String name) {
7.          this.name = name;
8.      }
9.
10.     protected Approver setNextApprover(Approver nextApprover) {
11.         this.nextApprover = nextApprover;
12.         return this.nextApprover;// 返回下一位审批人，使其支持链式编程
13.     }
14.
15.     public abstract void approve(int amount);// 抽象审批方法由具体审批人子类实现
16.
17. }
```

如代码清单 16-5 所示，我们用抽象类来定义审批人。由于审批人在无权审批时需要传递业务给其上级领导，因此我们在第 4 行定义上级领导的引用 nextApprover，

与下一位审批人串联起来，同时将其注入第 10 行。当然，每位审批人的角色不同，其审批逻辑也有所区别，所以我们在第 15 行对审批方法进行抽象，交由具体的子类审批角色去继承和实现。我们接着对 3 个审批角色的代码进行重构，请分别参看代码清单 16-6、代码清单 16-7、代码清单 16-8。

代码清单 16-6　财务专员类 Staff

```
1.  public class Staff extends Approver {
2.
3.      public Staff(String name) {
4.          super(name);
5.      }
6.
7.      @Override
8.      public void approve(int amount) {
9.          if (amount <= 1000) {
10.             System.out.println("审批通过。【专员：" + name + "】");
11.         } else {
12.             System.out.println("无权审批，升级处理。【专员：" + name + "】");
13.             this.nextApprover.approve(amount);
14.         }
15.     }
16.
17. }
```

代码清单 16-7　财务经理类 Manager

```
1.  public class Manager extends Approver {
2.
3.      public Manager(String name) {
4.          super(name);
5.      }
6.
7.      @Override
8.      public void approve(int amount) {
9.          if (amount <= 5000) {
10.             System.out.println("审批通过。【经理：" + name + "】");
11.         } else {
12.             System.out.println("无权审批，升级处理。【经理：" + name + "】");
13.             this.nextApprover.approve(amount);
14.         }
15.     }
16.
17. }
```

代码清单 16-8　财务总监类 CFO

```
1.  public class CFO extends Approver {
2.
3.      public CFO(String name) {
4.          super(name);
```

```
5.     }
6.
7.     @Override
8.     public void approve(int amount) {
9.         if (amount <= 10000) {
10.             System.out.println("审批通过。【财务总监:" + name + "】");
11.         } else {
12.             System.out.println("驳回申请。【财务总监:" + name + "】");
13.         }
14.     }
15.
16. }
```

如代码清单 16-6 所示,财务专员类继承了审批人抽象类并实现了审批方法 approve(),接收到报销申请金额后自第 9 行开始申明自己的审批权限为 1 000 元,若超出则调用自己上级领导的审批方法,将审批业务传递下去,注意第 13 行对 nextApprover 的巧妙引用。代码清单 16-7 中的财务经理类则大同小异,其审批权限上升至 5 000 元。比较特殊的审批人是责任链末节点的财务总监类,如代码清单 16-8 第 12 行所示,最高职级的财务总监 CFO 的审批逻辑略有不同,当申请金额超出 10 000 元后就再有下一个审批人了,所以此时就会驳回报销申请。一切就绪,是时候生成这条责任链了,请参看代码清单 16-9。

代码清单 16-9　客户端类 Client

```
1.  public class Client {
2.
3.      public static void main(String[] args) {
4.          Approver flightJohn = new Staff("张飞");
5.          //此处使用链式编程配置责任链
6.          flightJohn.setNextApprover(new Manager("关羽")).setNextApprover(new CFO("刘备"));
7.
8.          //直接找专员张飞审批
9.          flightJohn.approve(1000);
10.         /***********************
11.         审批通过。【专员:张飞】
12.         ***********************/
13.
14.         flightJohn.approve(4000);
15.         /***********************
16.         无权审批,升级处理。【专员:张飞】
17.         审批通过。【经理:关羽】
18.         ***********************/
19.
20.         flightJohn.approve(9000);
21.         /***********************
22.         无权审批,升级处理。【专员:张飞】
23.         无权审批,升级处理。【经理:关羽】
24.         审批通过。【CEO:刘备】
25.         ***********************/
```

```
26.
27.    flightJohn.approve(88000);
28.    /************************
29.    无权审批，升级处理。【专员：张飞】
30.    无权审批，升级处理。【经理：关羽】
31.    驳回申请。【CEO：刘备】
32.    ************************/
33.    }
34.
35. }
```

如代码清单 16-9 所示，一开始我们在第 4 行构造了财务专员，接着组装了责任链（其实这里还可以交给工作流工厂去构造责任链，读者可以自行实践练习），由低到高逐级进行审批角色对象的注入，直至财务总监。申请人的业务办理流程就非常简单了，客户端直接面对的就是财务专员，只需将申请递交给他处理，接着审批流程奇迹般地启动了，业务在这个责任链上层层递交，直至完成。请从代码第 9 行开始查看各种不同金额的审批场景对应的办理流程，从输出看出达到了工作流的预期运行结果。

16.5 让业务飞一会儿

至此，以责任链模式为基础架构的工作流搭建完成，各审批角色只需要定义其职权范围内的工作，再依靠高层抽象实现角色责任的链式结构，审批逻辑得以拆分、串联，让业务申请在责任链上逐级传递。如此一来，申请人再也不必关心业务处理细节与结果了，彻底将工作流或业务逻辑抛开，轻松地将申请递交给责任链入口即可得到最终结果。下面我们来看责任链模式的类结构，如图 16-3 所示。

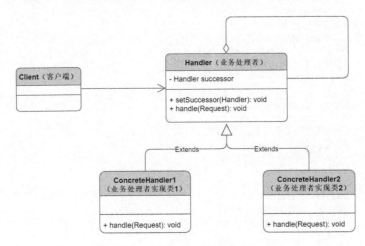

图 16-3 责任链模式的类结构

责任链模式的各角色定义如下。

- Handler（业务处理者）：所有业务处理节点的顶层抽象，定义了抽象业务处理方法 handle() 并留给子类实现，其实体方法 setSuccessor()（注入继任者）则用于责任链的构建。对应本章例程中的审批人 Approver。

- ConcreteHandler1、ConcreteHandler2……（业务处理者实现类）：实际业务处理的实现类，可以有任意多个，每个都实现了 handle() 方法以处理自己职权范围内的业务，职权范围之外的事则传递给下一位继任者（另一个业务处理者）。对应本章例程中的财务专员类 Staff、财务经理类 Manager、财务总监类 CFO。

- Client（客户端）：业务申请人，只需对业务链条的第一个入口节点发起请求即可得到最终响应。

责任链模式的本质是处理某种连续的工作流，并确保业务能够被传递至相应的责任节点上得到处理。当然，责任链也不一定是单一的链式结构，我们甚至可以让一位审批人将业务传递给多位审批人，或是加入更复杂的业务逻辑以完善工作流，最终使不同的业务有不同的传递方向。不管是何种形式的呈现，读者都要能够根据具体的业务场景，更灵活、恰当地运用责任链模式，而不是照本宣科、生搬硬套。

对责任链模式的应用让我们一劳永逸，之后我们便可以泰然自若地应对业务需求的变更，方便地对业务链条进行拆分、重组，以及对单独节点的增、删、改。结构松散的业务处理节点让系统具备更加灵活的可伸缩性、可扩展性。责任链模式让申请方与处理方解耦，申请人可以彻底从业务细节中解脱出来，无论多么复杂的审批流程，都只需要简单的等待，让业务在责任链上飞一会儿。

|第 17 章| 策略

　　策略，古时也称"计"，指为了达成某个目标而提前策划好的方案。但计划往往不如变化快，当目标突变或者周遭情况不允许实施某方案的时候，我们就得临时变更方案。策略模式（Strategy）强调的是行为的灵活切换，比如一个类的多个方法有着类似的行为接口，可以将它们抽离出来作为一系列策略类，在运行时灵活对接，变更其算法策略，以适应不同的场景。

　　例如我们经常在电影中看到，特工在执行任务时总要准备好几套方案以应对突如其来的变化。实施过程中由于情况突变而导致预案无法继续实施 A 计划时，马上更换为 B 计划，以另一种行为方式达成目标。所以说提前策划非常重要，而随机应变的能力更是不可或缺，系统需要时刻确保灵活性、机动性才能立于不败之地。

17.1　"顽固不化"的系统

　　一个设计优秀的系统，绝不能来回更改底层代码，而是要站在高层抽象的角度构筑一套相对固化的模式，并能使新加入的代码以实现类的方式接入系统，让系统功能得到无限的算法扩展，以适应用户需求的多样性。

　　我们先从一个反例开始，了解一个有设计缺陷的系统。流行于 20 世纪 80 年代的便携式掌上游戏机的系统设计非常简单，最常见的是"俄罗斯方块"游戏机，如图 17-1所示。这种游戏机只能玩一款游戏，所以玩家逐渐减少，最终退出了市场。这是一种嵌入式系统设计，主机不包含任何操作系统。制造商只是简单地将软件固化在游戏机芯片中，造成游戏（软件）与游戏机（硬件）的强耦合。玩家要想换个游戏就得再购买一台游戏机，严重缺乏可扩展性。

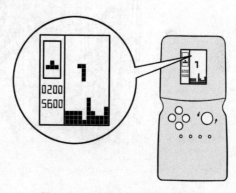

图 17-1　"俄罗斯方块"游戏机

　　如图 17-1 所示，与这种耦合性极高的系统设计类似的还有计算器，它只能用于简单的数学运算，算法功能到此为止，没有后续扩展的可能性。我们就以计算器为例，探讨一下这种设计存在的问题。假设计算器可以进行加减法运算，请参看代码清单 17-1。

代码清单 17-1　计算器类 Calculator

```
1.  public class Calculator {
2.
```

```
3.       public int add(int a, int b){//加法
4.          return a + b;
5.       }
6.
7.       public int sub(int a, int b){//减法
8.          return a - b;
9.       }
10.
11. }
```

如代码清单 17-1 所示，我们分别为计算器类定义了加减法，看上去简单易懂。然而随着算法的不断增加，如乘法、除法、乘方、开方等，我们不得不把机器拆开，然后对代码进行修改。当然，对计算器这种嵌入式系统来说，这么做也无可厚非，毕竟其功能有限且相对固定，但若换作一个庞大的系统，反复的代码修改会让系统维护变成灾难，最终大量的方法被堆积在同一个类中，臃肿不堪。如图 17-2 所示，反复对系统的修改、加装，致使模块间的调用关系错综复杂，系统维护与升级工作变得举步维艰，无从下手。

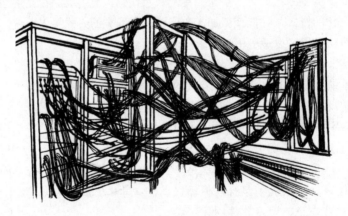

图 17-2　难以维护的系统

17.2　游戏卡带

通过分析和对比代码清单 17-1 中的计算器类，我们不难发现，不管是何种算法（加、减、乘、除等），都属于运算。从外部来看，它们都是基于对两个数字型入参的运算接口，并能返回数字型的运算结果。既然如此，不如把这些算法抽离出来，使它们独立于计算器，并各自封装，让一种算法对应一个类，要使用哪种算法时将其接入即可，如此算法扩展便得到了保证。这种设计上的演变不正类似于从嵌入式掌上游戏

机到可插卡式游戏机的演变吗？如图 17-3 所示，不同种类的游戏卡带就像各种独立的策略类，只要为游戏机更换不同的卡带就能带来全新体验，这也是这种设计思想可以一直延续至今的原因（想象一下操作系统与应用软件的关系）。

图 17-3　可插卡式游戏机

策略与系统分离的设计看起来非常灵活，基于这种设计思想，我们对计算器类进行重构。首先要对一系列的算法进行接口抽象，也就是为所有的算法（加法、减法或者即将加入的其他算法）定义一个统一的算法策略接口，请参看代码清单 17-2。

代码清单 17-2　算法策略接口 Strategy

```
1.  public interface Strategy {
2.
3.      public int calculate(int a, int b);//操作数a，被操作数b
4.
5.  }
```

如代码清单 17-2 所示，为保持简单，我们假设算法策略接口的参数与返回结果都是整数，接收参数为操作数 a 与被操作数 b，通过运算后返回结果。算法策略接口定义完毕，顺理成章，我们接着分别定义加法策略、减法策略对应的实现类，请参看代码清单 17-3、代码清单 17-4。

代码清单 17-3　加法策略类 Addition

```
1.  public class Addition implements Strategy{
2.
3.      @Override
4.      public int calculate(int a, int b) {//加数与被加数作为参数
5.          return a + b;//做加法运算并返回结果
```

```
6.     }
7.
8.  }
```

```
1.  public class Subtraction implements Strategy{
2.
3.     @Override
4.     public int calculate(int a, int b) {//减数与被减数作为参数
5.        return a - b;//做减法运算并返回结果
6.     }
7.
8.  }
```

如代码清单 17-3、代码清单 17-4 所示，加法策略类与减法策略类都实现了算法策略接口，并分别实现了自己特有的运算方法 calculate()。理所当然，第 5 行加法策略实现的是加法运算，减法策略实现的是减法运算。可以看到，算法策略接口 Strategy 的标准规范化使它们同属一系，但又以类划分，相对独立。接下来就可以使用这一系列算法策略了，我们对计算器类进行重构，使其能够将算法策略注入系统，请参看代码清单 17-5。

```
1.  public class Calculator {
2.
3.     private Strategy strategy;//算法策略接口
4.
5.     public void setStrategy(Strategy strategy) {//注入算法策略
6.        this.strategy = strategy;
7.     }
8.
9.     public int getResult(int a, int b){
10.        return this.strategy.calculate(a, b);//返回具体策略的运算结果
11.     }
12. }
```

如代码清单 17-5 所示，计算器类里已经不存在具体的加减法运算实现了，取而代之的是第 10 行对算法策略接口 strategy 的计算方法 calculate() 的调用，而具体使用的是哪种算法策略则完全取决于第 5 行的 setStrategy() 方法。它可以将具体的算法策略注入进来，所以对于第 9 行的获取结果方法 getResult()，注入不同的算法策略将会得到不同的响应结果。至此，策略应用系统搭建完成，下面我们就可以使用这个计算器了，请参看代码清单 17-6。

```
1.  public class Client {
2.
```

```
3.    public static void main(String[] args) {
4.        Calculator calculator = new Calculator();//实例化计算器
5.        calculator.setStrategy(new Addition());//注入加法策略实现
6.        System.out.println(calculator.getResult(1, 1));//输出结果为2
7.
8.        calculator.setStrategy(new Subtraction());//再注入减法策略实现
9.        System.out.println(calculator.getResult(1, 1));// 输出结果为0
10.    }
11.
12. }
```

如代码清单 17-6 所示，从第 4 行开始，客户端类对计算器类进行实例化，接着注入加法策略实现，并调用 getResult() 方法，此时进行的是"1 + 1"的运算并得到结果 2。接着再注入减法策略实现，此时进行的是"1 - 1"的运算并得到计算结果 0。

显而易见，通过重构的计算器类变得非常灵活，不管进行哪种运算，我们只需注入相应的算法策略即可得到结果。此外，今后若要进行功能扩展，只需要新增兼容策略接口的算法策略类（如乘法、除法等），这与插卡式游戏机的策略如出一辙，我们不必再对系统做任何修改便可实现功能的无限扩展。

17.3　万能的 USB 接口

不知读者是否记得，我们曾在第 1 章中提到过策略模式，并以计算机 USB 接口为例做过相关的探讨。下面我们补全这个例子的代码部分，彻底理解策略模式，首先参看图 17-4。

图 17-4　USB 接口与设备

相信大家对图 17-4 中的计算机、USB 接口还有各种设备之间的关系以及使用方法都非常熟悉了，这些模块组成的系统正是策略模式的最佳范例。与之前的计算器实例类似，首先我们定义策略接口，对应本例中的 USB 接口，请参看代码清单 17-7。

代码清单 17-7　USB 接口 USB

```
1.  public interface USB {
2.
3.      public void read();
4.
5.  }
```

如代码清单 17-7 所示，依旧为了保持简单，我们只为 USB 接口定义一个读取数据方法 read()。接下来就是各种 USB 设备的策略实现类了，其中键盘、鼠标及摄像头分别定义各自的实现类，请分别参看代码清单 17-8、代码清单 17-9 和代码清单 17-10。

代码清单 17-8　USB 键盘类 Keyboard

```
1.  public class KeyBoard implements USB {
2.
3.      @Override
4.      public void read() {
5.          System.out.println("键盘指令数据……");
6.      }
7.
8.  }
```

代码清单 17-9　USB 鼠标类 Mouse

```
1.  public class Mouse implements USB {
2.
3.      @Override
4.      public void read() {
5.          System.out.println("鼠标指令数据……");
6.      }
7.
8.  }
```

代码清单 17-10　USB 摄像头类 Camera

```
1.  public class Camera implements USB {
2.
3.      @Override
4.      public void read() {
5.          System.out.println("视频流数据……");
6.      }
7.
8.  }
```

如代码清单 17-8、代码清单 17-9、代码清单 17-10 所示，所有 USB 设备都在第 5 行实现了 USB 接口的读取数据方法 read()，如键盘设备捕获的是键盘指令数据，鼠标设备捕获的是坐标与点击指令数据，摄像头设备捕获的是视频流数据。最后，我们需要将它们与计算机主机进行接驳，请参看代码清单 17-11。

代码清单 17-11　计算机主机类 Computer

```
1.  public class Computer {
2.
3.      private USB usb;//主机上的USB接口
4.
5.      public void setUSB(USB usb) {
6.          this.usb = usb;//插入USB设备
7.      }
8.
9.      public void compute(){
10.         usb.read();
11.     }
12.
13. }
```

如代码清单 17-11 所示，计算机主机让插入设备模块成为可能，可以看到在代码第 3 行我们将 USB 接口"焊接"在计算机主机上，使其成为计算机的一个属性，接着在第 5 行对外暴露 setUSB() 方法，用以接驳插入的 USB 设备对象，最后在第 9 行的 compute() 方法中，我们调用了插入设备的读取数据方法 read()。一切就绪，我们来看客户端如何使用，请参看代码清单 17-12。

代码清单 17-12　客户端类 Client

```
1.  public class Client {
2.
3.      public static void main(String[] args) {
4.
5.          Computer com = new Computer();
6.
7.          com.setUSB(new KeyBoard());//插入键盘
8.          com.compute();
9.
10.         com.setUSB(new Mouse());//插入鼠标
11.         com.compute();
12.
13.         com.setUSB(new Camera());//插入摄像头
14.         com.compute();
15.
16.         /*输出
17.         键盘操作……
18.         鼠标操作……
19.         视频流数据……
20.         */
21.     }
22.
23. }
```

如代码清单 17-12 所示，客户端首先实例化了计算机主机，接着分别插入键盘、鼠标及摄像头，并调用计算机的 compute() 方法。从第 17 行开始的输出结果显示，当客户端插入不同的 USB 设备时，计算机主机也会做出不同的行为响应。

我们通过对计算机 USB 接口的标准化，使计算机系统拥有了无限扩展外设的能力，需要什么功能只需要购买相关的 USB 设备。可见在策略模式中，USB 接口起到了至关重要的解耦作用。如果没有 USB 接口的存在，我们就不得不将外设直接"焊接"在主机上，致使设备与主机高度耦合，系统将彻底丧失对外设的替换与扩展能力。

17.4　即插即用

策略模式让策略与系统环境彻底解耦，通过对算法策略的抽象、拆分，再拼装、接入外设，使系统行为的可塑性得到了增强。策略接口的引入也让各种策略实现彻底解放，最终实现算法分立，即插即用。请参看如下策略模式的类结构，如图 17-5 所示。

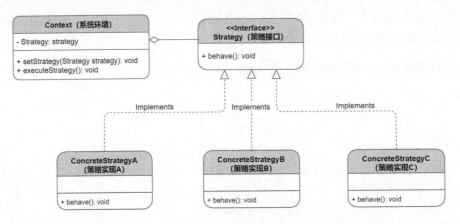

图 17-5　策略模式的类结构

策略模式的各角色定义如下。

- Strategy（策略接口）：定义通用的策略规范标准，包含在系统环境中并声明策略接口标准。对应本章例程中的 USB 接口 USB。
- ConcreteStrategyA、ConcreteStrategyB、ConcreteStrategyC……（策略实现）：实现了策略接口的策略实现类，可以有多种不同的策略实现，但都得符合策略接口定义的规范。对应本章例程中的 USB 键盘类 Keyboard、USB 鼠标类 Mouse、USB 摄像头类 Camera。
- Context（系统环境）：包含策略接口的系统环境，对外提供更换策略实现的方法 setStrategy() 以及执行策略的方法 executeStrategy()，其本身并不关心执行的是哪种策略实现。对应本章例程中的计算机主机类 Computer。

变化是世界的常态，唯一不变的就是变化本身。拥有顺势而为、随机应变的能力才能立于不败之地。策略模式的运用能让系统的应变能力得到提升，适应随时变化的需求。接口的巧妙运用让一系列的策略可以脱离系统而单独存在，使系统拥有更灵活、更强大的"可插拔"扩展功能。

18
Chapter

| 第 18 章 | 状态

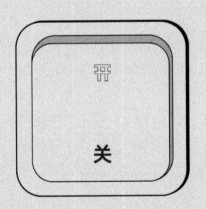

　　状态指事物基于所处的状况、形态表现出的不同的行为特性。状态模式（State）构架出一套完备的事物内部状态转换机制，并将内部状态包裹起来且对外部不可见，使其行为能随其状态的改变而改变，同时简化了事物的复杂的状态变化逻辑。

18.1　事物的状态

　　面向对象最基本的特性——"封装"是对现实世界中事物的模拟，类封装了属性与方法，其被实例化后的对象属性则体现出某种状态，以至调用其方法时会展现出某种相应的行为，这一切都与状态脱不了干系。以我们赖以生存的水举例，它有 3 种形态，如图 18-1（左）所示，0℃以下的固态冰、常温下的液态水，以及 100℃以上的气态水蒸气。我们可以总结出，当温度变化导致水的状态发生变化时，它就会有不同的行为，如冰会滚动、水会流动、水蒸气则会漂浮。

图 18-1　事物的状态

　　事物状态的变化驱动机制是非常普遍的存在。人类更是无法逾越自然界的常规，如图 18-1（右）所示，人类的情感状态更加复杂多变，不同的心态会表现出不同的行为，如高兴时会欢笑，悲伤时会哭泣，愤怒时会责备，兴奋时会手舞足蹈……喜怒哀乐，五味杂陈。

18.2　简单的二元态

　　世界是复杂的，事物的状态是多样的，但"万物之始，大道至简"，我们就从最简单的"二元态"实例出发。如果你此刻在室内，你会发现有电灯，它有两种状

态：通电与断电，分别对应灯亮与灯灭这两种行为。控制电
灯通电与断电的开关则为用户提供两个接口（user interface），
一个是开启，另一个是关闭，如图 18-2 所示。

电灯拥有"开"和"关"两个按钮，我们就以"开关"来
模拟电灯的状态变化驱动机制。首先我们需要定义一个开关类，
并提供两个方法"开灯"与"关灯"，分别引发灯亮与灯灭的
行为，请参看代码清单 18-1。

图 18-2　电灯的状态

代码清单 18-1　开关类 Switcher

```
1.  public class Switcher {
2.
3.      //false代表关闭，true代表开启
4.      private boolean state = false;//初始状态为关闭
5.
6.      public void switchOn(){
7.          state = true;
8.          System.out.println("OK...使灯亮");
9.      }
10.
11.     public void switchOff(){
12.         state = false;
13.         System.out.println("OK...使灯灭");
14.     }
15.
16. }
```

如代码清单 18-1 所示，开关类于第 4 行用布尔值 true 与 false 来代表电灯的两种
状态，并使其初始状态默认为关闭（false）。第 6 行的开灯方法 switchOn() 中先切换
状态为"开启"（true）再使灯亮。与之相反，第 11 行的关灯方法 switchOff() 则切换
状态为"关闭"（false）使灯灭。

程序看起来好像没什么问题，但如果深究就会发现，针对开关状态的维护代
码有点考虑不周全。如果客户端连续按下开或者关按钮会出现什么情况呢？实际
上这即使没有逻辑错误也增加了无意义的冗余操作，已经点亮的灯又何必再次被开
启呢？所以这个开关类的状态校验很不完善，我们需要加入针对当前状态的条件判
断，也就是说，开启的状态下不能再开启，关闭的状态下不能再关闭，请参看代码
清单 18-2。

代码清单 18-2　开关类 Switcher

```
1.  public class Switcher {
2.
```

```
3.     //false代表关闭，true代表开启
4.     boolean state = false;//初始状态为关闭
5.
6.     public void switchOn(){
7.        if(state == false){//若当前为关闭状态
8.           state = true;
9.           System.out.println("OK...使灯亮");
10.       }else{//当前已经是开启状态
11.          System.out.println("ERROR!!!开启状态下无须再开启");
12.       }
13.    }
14.
15.    public void switchOff(){
16.       if(state == true){//若当前是开启状态
17.          state = false;
18.          System.out.println("OK...使灯灭");
19.       }else{//当前已经是关闭状态
20.          System.out.println("ERROR!!!关闭状态下无须再关闭");
21.       }
22.    }
23.
24. }
```

如代码清单 18-2 所示，我们在开灯方法与关灯方法中加入了逻辑判断。如果正常切换状态则通过校验，使灯亮或灭，否则重复开或重复关的话则不进行操作并警告用户不必再次操作，当然此时也可以抛出异常，但为了保持简单我们就不复杂化了。这样的设计至少看起来没有任何问题，我们来测试一下，请参看代码清单 18-3。

代码清单 18-3　客户端类 Client

```
1.  public class Client {
2.
3.     public static void main(String[] args) {
4.        Switcher s = new Switcher();
5.        s.switchOff();//ERROR!!!关闭状态下无须再关闭
6.        s.switchOn();//OK...使灯亮
7.        s.switchOff();//OK...使灯灭
8.        s.switchOn();//OK...使灯亮
9.        s.switchOn();//ERROR!!!开启状态下无须再开启
10.    }
11.
12. }
```

如代码清单 18-3 所示，我们在第 5 行与第 9 行分别进行了重复开与重复关的操作，可以看到注释中标注出的运行结果，不管如何操作都不会再出现错误操作的问题了，逻辑非常严密。然而非常遗憾的是，这依旧不算是好的设计，如果状态再复杂些，逻辑判断就会越加越多。

18.3 交通灯的状态

对于电灯开关这种简单的二元开关，如果状态变多，会产生什么结果呢？以交通信号灯为例，它一般包括红、黄、绿 3 种颜色状态，不同状态之间的切换包含这样的逻辑：红灯只能切换为黄灯，黄灯可以切换为绿灯或红灯，绿灯只能切换为黄灯，如图 18-3 所示。

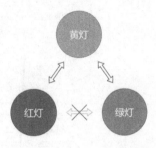

交通灯的状态维护与切换并不像电灯一样简单，如果还是按照之前的设计，复杂的状态校验逻辑会大量堆积在每个方法中，因此造成的错误必将导致严重的交通事故，后果不堪设想。实践出真知，基于之前的设计，我们用代码亲自验证一下效果，请参看代码清单 18-4。

图 18-3　交通灯的状态切换

代码清单 18-4　交通灯类 TrafficLight

```
1.  public class TrafficLight {
2.
3.    //交通灯有红灯（禁行）、黄灯（警示）、绿灯（通行）3种状态
4.    String state = "红";//初始状态为红灯
5.
6.    //切换为绿灯（通行）状态
7.    public void switchToGreen() {
8.      if ("绿".equals(state)) {//若当前是绿灯状态
9.        System.out.println("ERROR!!!已是绿灯状态无须再切换");
10.     }
11.     else if ("红".equals(state)) {//若当前是红灯状态
12.       System.out.println("ERROR!!!红灯不能切换为绿灯");
13.     }
14.     else if ("黄".equals(state)) {//若当前是黄灯状态
15.       state = "绿";
16.       System.out.println("OK...绿灯亮起60秒");
17.     }
18.   }
19.
20.   //切换为黄灯（警示）状态
21.   public void switchToYellow() {
22.     if ("黄".equals(state)) {//若当前是黄灯状态
23.       System.out.println("ERROR!!!已是黄灯状态无须再切换");
24.     }
25.     else if ("红".equals(state) || "绿".equals(state)) {//若当前是红灯或者是绿灯状态
26.       state = "黄";
27.       System.out.println("OK...黄灯亮起5秒");
28.     }
29.   }
30.
```

```
31.    //切换为红灯（禁行）状态
32.    public void switchToRed() {
33.       if ("红".equals(state)) {//若当前是红灯状态
34.          System.out.println("ERROR!!!已是红灯状态无须再切换");
35.       }
36.       else if ("绿".equals(state)) {//若当前是绿灯状态
37.          System.out.println("ERROR!!!绿灯不能切换为红灯");
38.       }
39.       else if ("黄".equals(state)) {//若当前是黄灯状态
40.          state = "红";
41.          System.out.println("OK...红灯亮起60秒");
42.       }
43.    }
44.
45. }
```

如代码清单 18-4 所示，这个交通灯状态切换逻辑看起来非常复杂，满当当地摆放在类里面，维护起来也非常让人头疼。这只是十字路口的一处交通灯而已，若是东西南北各处交通灯全部联动起来的话，其复杂程度难以想象。要解决这个问题，我们就得基于状态模式，将这个庞大的类进行拆分，用一种更为优雅的方式将这些切换逻辑组织起来，让状态的切换及维护变得轻松自如。沿着这个思路，我们把状态相关模块从交通灯里抽离出来，这里首先定义一个状态接口以形成规范，请参看代码清单 18-5。

代码清单 18-5　状态接口 State

```
1. public interface State {
2.
3.    void switchToGreen(TrafficLight trafficLight);//切换为绿灯（通行）状态
4.
5.    void switchToYellow(TrafficLight trafficLight);//切换为黄灯（警示）状态
6.
7.    void switchToRed(TrafficLight trafficLight);//切换为红灯（禁行）状态
8.
9. }
```

如代码清单 18-5 所示，状态接口分别定义 3 个标准，它们依次是切换为绿灯（通行）状态、切换为黄灯（警示）状态，以及切换为红灯（禁行）状态。需要注意的是每个接口方法的入参，这里传入的交通灯引用到底有何用意？我们先保留这个问题。状态接口既然已经定义完毕，那么接着就得实现交通灯的 3 种状态，它们依次是红灯状态、黄灯状态和绿灯状态，请分别参看代码清单 18-6、代码清单 18-7 和代码清单 18-8。

代码清单 18-6　红灯状态 Red

```
1. public class Red implements State {
2.
```

```
3.      @Override
4.      public void switchToGreen(TrafficLight trafficLight) {
5.          System.out.println("ERROR!!!红灯不能切换为绿灯");
6.      }
7.
8.      @Override
9.      public void switchToYellow(TrafficLight trafficLight) {
10.         trafficLight.setState(new Yellow());
11.         System.out.println("OK...黄灯亮起5秒");
12.     }
13.
14.     @Override
15.     public void switchToRed(TrafficLight trafficLight) {
16.         System.out.println("ERROR!!!已是红灯状态无须再切换");
17.     }
18.
19. }
```

代码清单 18-7　黄灯状态 Yellow

```
1.  public class Yellow implements State {
2.
3.      @Override
4.      public void switchToGreen(TrafficLight trafficLight) {
5.          trafficLight.setState(new Green());
6.          System.out.println("OK...绿灯亮起60秒");
7.      }
8.
9.      @Override
10.     public void switchToYellow(TrafficLight trafficLight) {
11.         System.out.println("ERROR!!!已是黄灯状态无须再切换");
12.     }
13.
14.     @Override
15.     public void switchToRed(TrafficLight trafficLight) {
16.         trafficLight.setState(new Red());
17.         System.out.println("OK...红灯亮起60秒");
18.     }
19.
20. }
```

代码清单 18-8　绿灯状态 Green

```
1.  public class Green implements State {
2.
3.      @Override
4.      public void switchToGreen(TrafficLight trafficLight) {
5.          System.out.println("ERROR!!!已是绿灯状态无须再切换");
6.      }
7.
8.      @Override
9.      public void switchToYellow(TrafficLight trafficLight) {
```

```
10.        trafficLight.setState(new Yellow());
11.        System.out.println("OK...黄灯亮起5秒");
12.     }
13.
14.     @Override
15.     public void switchToRed(TrafficLight trafficLight) {
16.        System.out.println("ERROR!!!绿灯不能切换为红灯");
17.     }
18.
19. }
```

如代码清单 18-6、代码清单 18-7 和代码清单 18-8 所示，每种状态都分别实现了状态接口的切换方法。非常神奇的是，我们看不到任何的切换逻辑了，之前代码中的一大堆 if、else 全都消失不见了。以代码清单 18-8 的绿灯状态为例，按照我们之前分析过的切换逻辑："绿灯状态下无须重复切换为绿灯，并且绿灯也不能直接切换为红灯。"所以在代码清单 18-8 第 4 行的切换到绿灯方法 switchToGreen() 中与第 15 行的切换到红灯方法 switchToRed() 中，禁止这 2 种切换行为并输出错误消息。而绿灯切换为黄灯则是合法的，所以在第 9 行的切换到黄灯方法 switchToYellow() 中，我们调用了方法传入的交通灯对象的 setState() 方法，更新其状态为黄灯状态并触发黄灯亮起，这也是将交通灯作为入参的意义所在。按照这种模式，其他的状态类实现都大同小异，以此类推。

通过对交通灯系统的初步重构，我们将"状态"接口化、模块化，最终将它们从臃肿的交通灯类代码中抽离出来，独立于交通灯类，并分别拥有自己的接口实现。如此一来，我们奇迹般地摆脱了各种复杂的状态切换逻辑，代码变得特别清爽、优雅。至于状态接口中传入的交通灯对象以及对其状态更新的 setState() 方法，读者可能会感到困惑，我们先来重构交通灯类，让一切豁然开朗，请参看代码清单 18-9。

代码清单 18-9　交通灯类 TrafficLight

```
1.  public class TrafficLight {
2.
3.     //交通灯有红灯（禁行）、黄灯（警示）、绿灯（通行）3种状态
4.     State state = new Red();//初始状态为红灯
5.
6.     public void setState(State state) {
7.        this.state = state;
8.     }
9.
10.    //切换为绿灯（通行）状态
11.    public void switchToGreen() {
12.       state.switchToGreen(this);
13.    }
14.
15.    //切换为黄灯（警示）状态
16.    public void switchToYellow() {
```

```
17.        state.switchToYellow(this);
18.    }
19.
20.    //切换为红灯（禁行）状态
21.    public void switchToRed() {
22.        state.switchToRed(this);
23.    }
24.
25. }
```

如代码清单 18-9 所示，状态切换逻辑已经被拆分出去了，交通灯类变得非常简单。首先，在第 4 行我们以状态接口 State 定义交通灯当前的默认初始状态为红灯。接着，在第 6 行对外暴露了设置状态方法 setState()。最后在第 11 行、第 16 行及第 21 行的 3 个状态切换方法中，我们没有做任何具体的切换操作，而是调用了当前状态对象所对应的切换方法。需要注意的是，为了让状态对象能够访问到 setState() 更新交通灯的状态，我们将交通灯对象"this"作为参数一并传入，将任务移交给当前的状态对象去执行，也就是说，交通灯只是持有当前的状态，至于到底该如何响应及进行状态切换，全权交由当前状态对象处理。至此，基于状态模式的交通灯系统构建完毕，我们来定义客户端类使用交通灯，请参看代码清单 18-10。

代码清单 18-10　客户端类 Client

```
1.  public class Client {
2.
3.     public static void main(String args[]) {
4.
5.        TrafficLight trafficLight = new TrafficLight();
6.        trafficLight.switchToYellow();
7.        trafficLight.switchToGreen();
8.        trafficLight.switchToYellow();
9.        trafficLight.switchToRed();
10.
11.        /*
12.            OK...黄灯亮起5秒
13.            OK...绿灯亮起60秒
14.            OK...黄灯亮起5秒
15.            OK...红灯亮起60秒
16.            ERROR!!!红灯不能切换为绿灯
17.        */
18.    }
19.
20. }
```

如代码清单 18-10 所示，客户端一开始实例化了交通灯，接着按照交规进行了一系列的交通灯切换操作，可以看到输出一切正常。注意第 16 行，操作失败后会收到告警信息，这说明即便切换了错误的状态，也不会酿成车祸，状态切换及校验机制工作正常。

当然，我们还可以采取更为简单的状态接口为客户端提供更便捷的使用方式，例如对于 18.2 节中的电灯开关，我们完全可以定义一个开关接口 Switcher，并提供一个统一的 switch() 方法接口，如此一来，不管当前电灯是何种状态，用户只需要调用这一个方法便可实现电灯状态的自动切换，并实现开灯和关灯功能了。各个场景需要其最恰当的实现方式，具体代码请读者自行实践，这里就不赘述了。

18.4 状态响应机制

至此，状态模式的应用将系统状态从系统环境（系统宿主）中彻底抽离出来，状态接口确立了高层统一规范，使状态响应机制分立、自治，以一种松耦合的方式实现了系统状态与行为的联动机制。如此一来，系统环境不再处理任何状态响应及切换逻辑，而是转发给当前状态对象去处理，同时将自身引用 "this" 传递下去。也就是说，系统环境只需要持有当前状态，而不必再关心如何根据状态进行响应，或是如何进行状态更新了。请参看状态模式的类结构，如图 18-4 所示。

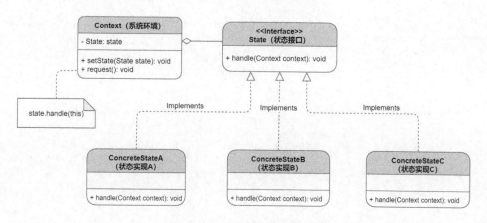

图 18-4　状态模式的类结构

状态模式的各角色定义如下。

- State（状态接口）：定义通用的状态规范标准，其中处理请求方法 handle() 将系统环境 Context 作为参数传入。对应本章例程中的状态接口 State。
- ConcreteStateA、ConcreteStateB、ConcreteStateC（状态实现 A、状态实现 B、状态实现 C）：具体的状态实现类，根据系统环境用于表达系统环境 Context 的各个状态，它们都要符合状态接口的规范。对应本章例程中的红灯状态 Red、绿灯状态 Green 以及黄灯状态 Yellow。

■ Context（系统环境）：系统的环境，持有状态接口的引用，以及更新状态方法 setState()，对外暴露请求发起方法 request()，对应本章例程中的交通灯类 TrafficLight。

从类结构上看，状态模式与策略模式非常类似，其不同之处在于，策略模式是将策略算法抽离出来并由外部注入，从而引发不同的系统行为，其可扩展性更好；而状态模式则将状态及其行为响应机制抽离出来，这能让系统状态与行为响应有更好的逻辑控制能力，并且实现系统状态主动式的自我转换。状态模式与策略模式的侧重点不同，所以适用于不同的场景。总之，如果系统中堆积着大量的状态判断语句，那么就可以考虑应用状态模式，它能让系统原本复杂的状态响应及维护逻辑变得异常简单。状态的解耦与分立让代码看起来更加清晰、明了，可读性大大增强，同时系统的运行效率与健壮性也能得到全面提升。

| 第 19 章 | 备忘录

19
Chapter

备忘录用来记录曾经发生过的事情，使回溯历史变得切实可行。备忘录模式
（Memento）则可以在不破坏元对象封装性的前提下捕获其在某些时刻的内部状态，
并像历史快照一样将它们保留在元对象之外，以备恢复之用。

19.1　时光流逝

光阴似箭，岁月如梭，时间在一分一秒地不停流逝，一去不返，如图 19-1 所示。
想必我们都做过错误的决定，最终导致糟糕的结果。然而这个世界并不存在后悔药，
做出的决定如覆水难收。

然而，在计算机世界中，我们似乎可以来去
自如，例如浏览器前进与后退、撤销文档修改、数
据库备份与恢复、游戏存盘载入、操作系统快照恢
复、手机恢复出厂设置等操作稀松平常。再深入到
面向对象层面，我们知道当程序运行时一个对象的
状态有可能随时发生变化，而当修改其状态时我们
可以对其进行记录，如此便能够将对象恢复到任意
记录的状态。备忘录模式正是采用这种理念，让历
史重演。

图 19-1　流逝的时间

19.2　覆水难收

为了更生动地展现备忘录模式，以使读者更容易理解，我们来模拟这样一个
场景：假设某作家要写一部科幻小说，当他构思完成后打开编辑器软件开始创作
的时候，必然会创建一个文档。那么我们首先来定义这个文档类 Doc，请参看代
码清单 19-1。

代码清单 19-1　文档类 Doc

```
1.  public class Doc {
2.
3.      private String title;//文档标题
4.      private String body;//文档内容
5.
6.      public Doc(String title){
7.          this.title = title; //新建文档先命名
8.          this.body = "";//新建文档内容为空
```

```
9.      }
10.
11.     public void setTitle(String title) {
12.         this.title = title;
13.     }
14.
15.     public String getTitle() {
16.         return title;
17.     }
18.
19.     public String getBody() {
20.         return body;
21.     }
22.
23.     public void setBody(String body) {
24.         this.body = body;
25.     }
26.
27. }
```

如代码清单 19-1 所示，作为一个简单的 Java 对象（Plain Ordinary Java Object，POJO）类，文档类包括两个内部属性：文档标题 title 与文档内容 body，它们拥有各自的 get 方法与 set 方法。可以看到，这个类实例化出的对象一定包含"文档标题"与"文档内容"两个状态，并且会在运行时随着作家对文档的修改而改变，尤其是对"文档内容"的修改，如此才能达到编辑文档的目的。接下来当然少不了作家用来修改这个文档的编辑器类，请参看代码清单 19-2。

代码清单 19-2　编辑器类 Editor

```
1.  public class Editor {
2.
3.      private Doc doc;//文档引用
4.
5.      public Editor(Doc doc) {
6.          System.out.println("<<<打开文档" + doc.getTitle());
7.          this.doc = doc;//载入文档
8.          show();
9.      }
10.
11.     public void append(String txt) {
12.         System.out.println("<<<插入操作");
13.         doc.setBody(doc.getBody() + txt);
14.         show();
15.     }
16.
17.     public void delete(){
18.         System.out.println("<<<删除操作");
```

```
19.        doc.setBody("");
20.        show();
21.    }
22.
23.    public void save(){
24.        System.out.println("<<<存盘操作");
25.    }
26.
27.    private void show(){//显示当前文档内容
28.        System.out.println(doc.getBody());
29.        System.out.println("文档结束>>>\n");
30.    }
31.
32. }
```

如代码清单 19-2 所示，我们先从最简单的功能看起，第 5 行当编辑器类实例化时需要载入一个文档对象，并展示其内容。接下来是编辑器最重要的编辑功能了。我们保持以最简单的代码来模拟文档的编辑功能，从第 11 行开始依次有插入方法 append()、删除方法 delete()、存盘方法 save()，以及显示文档内容方法 show()，请读者仔细阅读，此处不做赘述。一切就绪，作家可以开始使用这个编辑器了，关于客户端类 Client，请参看代码清单 19-3。

代码清单 19-3　客户端类 Client

```
1.  public class Client {
2.
3.     public static void main(String[] args) {
4.        Editor editor = new Editor(new Doc("《AI 的觉醒》"));
5.        /*输出
6.        <<<打开文档《AI 的觉醒》
7.
8.        文档结束>>>
9.        */
10.
11.        editor.append("第一章  混沌初开");
12.        /*输出
13.        <<<插入操作
14.        第一章  混沌初开
15.        文档结束>>>
16.        */
17.
18.        editor.append("\n  正文 2000 字……");
19.        /*输出
20.        <<<插入操作
21.        第一章  混沌初开
22.          正文 2000 字……
23.        文档结束>>>
24.        */
25.
```

```
26.        editor.append("\n第二章 荒漠之花\n  正文3000字……");
27.        /*输出
28.        <<<插入操作
29.        第一章 混沌初开
30.          正文2000字……
31.        第二章 荒漠之花
32.          正文3000字……
33.        文档结束>>>
34.        */
35.
36.        editor.delete();//惨剧在此发生
37.        /*输出
38.        <<<删除操作
39.
40.        文档结束>>>
41.        */
42.    }
43.
44. }
```

如代码清单 19-3 所示，作家开始创作并一口气写完了两章的内容，第 27 行输出的文档内容让他颇有成就感。于是他决定冲杯咖啡，休息一下，并没有调用存盘方法 save() 便离开了计算机，一切看起来非常顺利。然而不幸的是，作家的宠物猫跳上了他的计算机键盘，不巧按下了 Delete 键并触发了第 36 行的删除操作，结果整个文档从内存中被清空了，如图 19-2 所示。作家 5 000 字的心血付之东流，不得不为自己的疏忽大意付出惨痛的代价。

图 19-2　忘记存盘的后果

19.3　破镜重圆

编辑器类提供的删除方法本来是出于软件功能的完整性而设计的，却反而给用户带来了潜在风险。所以，我们一定要避免发生这类误操作，才能带来更好的用户体验。大家一定想到了以 Ctrl+Z 组合键触发的撤销操作了吧。这条编辑器指令可以瞬间撤销用户的上一步操作并回退到上一个文档状态，这样不但给了用户吃后悔药的机会，还能省去用户频繁地进行存盘操作的麻烦。

这种自动备忘录机制是如何实现的呢？既然可以回溯历史，就一定得定义一个历史快照类，用来记录用户每步操作后的文档状态，请参看代码清单 19-4。

代码清单 19-4 历史快照类 History

```
1.  public class History {
2.
3.      private String body;//用于备忘文档内容
4.
5.      public History(String body){
6.          this.body = body;
7.      }
8.
9.      public String getBody() {
10.         return body;
11.     }
12.
13. }
```

如代码清单 19-4 所示，和文档类 Doc 非常类似，历史快照类 History 也是一个 POJO 类，它同样封装了属性"文档内容"。可以看到第 5 行的构造方法中对文档内容的初始化，这样我们便可以记录文档内容的快照了。我们知道，每生成一个历史快照对象就相当于在备忘录中写下一笔记录，一个对象对应一个快照，那么由谁来生成这个快照记录呢？我们对文档类 Doc 进行重构，做一些快照功能上的增强，请参看代码清单 19-5。

代码清单 19-5 文档类 Doc

```
1.  public class Doc {
2.
3.      private String title;//文档标题
4.      private String body;//文档内容
5.
6.      public Doc(String title){
7.          this.title = title; //新建文档先命名
8.          this.body = "";//新建文档内容为空
9.      }
10.
11.     public void setTitle(String title) {
12.         this.title = title;
13.     }
14.
15.     public String getTitle() {
16.         return title;
17.     }
18.
19.     public String getBody() {
20.         return body;
21.     }
22.
23.     public void setBody(String body) {
24.         this.body = body;
25.     }
```

```
26.
27.    public History createHistory() {
28.        return new History(body);//创建历史记录
29.    }
30.
31.    public void restoreHistory(History history){
32.        this.body = history.getBody();//恢复历史记录
33.    }
34.
35. }
```

如代码清单 19-5 所示，我们在第 27 行加入了创建历史记录方法 createHistory()，它能够生成并返回当前文档内容对应的历史快照。与之相反，第 31 行则对应历史记录的恢复方法 restoreHistory()，它能够根据传入的历史快照参数将文档内容恢复到任意历史时间点。

至此，文档类便具备了快照生成与恢复功能。要实现编辑器的撤销功能，我们首先得在用户进行编辑操作时对文档进行历史快照备份，如此才能恢复到任意历史时间点。下面我们对编辑器类进行重构，请参看代码清单 19-6。

代码清单 19-6   编辑器类 Editor

```
1.  public class Editor {
2.
3.      private Doc doc;
4.      private List<History> historyRecords;// 历史记录列表
5.      private int historyPosition = -1;// 历史记录当前位置
6.
7.      public Editor(Doc doc) {
8.          System.out.println("<<<打开文档" + doc.getTitle());
9.          this.doc = doc; // 载入文档
10.         historyRecords = new ArrayList<>();// 初始化历史记录列表
11.         backup();// 载入文档后保存第一份历史记录
12.         show();//显示内容
13.     }
14.
15.     public void append(String txt) {
16.         System.out.println("<<<插入操作");
17.         doc.setBody(doc.getBody() + txt);
18.         backup();//添加后保存一份历史记录
19.         show();
20.     }
21.
22.     public void save(){
23.         System.out.println("<<<存盘操作");//模拟存盘操作
24.     }
25.
26.     public void delete(){
27.         System.out.println("<<<删除操作");
28.         doc.setBody("");
29.         backup();//删除后保存一份历史记录
```

```
30.         show();
31.     }
32.
33.     private void backup() {
34.         historyRecords.add(doc.createHistory());
35.         historyPosition++;
36.     }
37.
38.     private void show() {// 显示当前文档内容
39.         System.out.println(doc.getBody());
40.         System.out.println("文档结束>>>\n");
41.     }
42.
43.     public void undo() {// 撤销操作: 如按下组合键Ctrl+Z, 回到过去
44.         System.out.println(">>>撤销操作");
45.         if (historyPosition == 0) {
46.             return;// 到头了, 不能再撤销了
47.         }
48.         historyPosition--;// 历史记录位置回溯一次
49.         History history = historyRecords.get(historyPosition);
50.         doc.restoreHistory(history);// 取出历史记录并恢复至文档
51.         show();
52.     }
53.
54.     public void redo(){// 重做操作
55.         //此处省略
56.     }
57.
58. }
```

如代码清单 19-6 所示,我们首先在第 4 行加入了一个历史记录列表 historyRecords,我们可以把它当作一本有很多页的历史书,顺序记录着每个时间点发生的历史事件,它的当前页码体现于第 5 行,即以整型定义的时间点索引 historyPosition。注意第 33 行的备份方法 backup(),它能将文档生成的快照加入历史记录列表 historyRecords,做好历史的记录。然后回到第 10 行的构造方法,这里我们对备忘录进行初始化,并且调用备份方法 backup() 将文档初始状态保存至备忘录。同样,文档的所有变更操作完成后都应该将当前文档状态"载入史册",如之后的插入方法 append() 以及删除方法 delete() 中对备份方法的调用。

"载入史册"是为了"回溯历史",因此第 43 行的撤销方法 undo() 才能真正实现"昨日重现"。随着历史的推进,之前定义的时间点索引 historyPosition 会逐渐增大,要回溯历史就要将索引减小,一直到 0 指向的最初状态为止。从第 44 行开始,我们首先进行了校验操作,如果时间点索引在 0 点位置就不可以回溯了,非法越界操作应当直接返回,反之则是合法操作,此时可以将时间点索引减 1,再将其所对应的历史记录取出,并将内容恢复至当前打开的文档中。此外,编辑器既然能回溯历史,当然也得有与之相反的功能,也就是第 54 行的重做方法 redo(),实现了这两

个功能才能让文档内容在历史时间轴上任意游走。此处略去 redo() 的代码，请读者自行实践练习。

"工欲善其事，必先利其器"，编辑器拥有了强大的撤销、重做功能，作家对文档的每次修改统统被记入备忘录，从此可以高枕无忧了。终于，作家可以重新开始他的小说创作了，请参看代码清单 19-7。

代码清单 19-7　客户端类 Client

```
1.  public class Client {
2.
3.      public static void main(String[] args) {
4.          Editor editor = new Editor(new Doc("《AI的觉醒》"));
5.          /*输出:
6.          <<<打开文档《AI的觉醒》
7.
8.          文档结束>>>
9.          */
10.
11.         editor.append("第一章 混沌初开");
12.         /*输出:
13.         <<<插入操作
14.         第一章 混沌初开
15.         文档结束>>>
16.         */
17.
18.         editor.append("\n  正文2000字……");
19.         /*输出:
20.         <<<插入操作
21.         第一章 混沌初开
22.           正文2000字……
23.         文档结束>>>
24.         */
25.
26.         editor.append("\n第二章 荒漠之花\n  正文3000字……");
27.         /*输出:
28.         <<<插入操作
29.         第一章 混沌初开
30.           正文2000字……
31.         第二章 荒漠之花
32.           正文3000字……
33.         文档结束>>>
34.         */
35.
36.         editor.delete();
37.         /*输出:
38.         <<<删除操作
39.
40.         文档结束>>>
41.         */
42.
43.         //撤销操作
```

```
44.        editor.undo();
45.        /*输出:
46.        >>>撤销操作
47.        第一章 混沌初开
48.          正文2000字……
49.        第二章 荒漠之花
50.          正文3000字……
51.        文档结束>>>
52.        */
53.    }
54.
55. }
```

如代码清单 19-7 所示，作家又一口气写了两章内容。假设在第 36 行对文档进行了误删除操作，就可以在第 44 行从容不迫地按下 Ctrl+Z 组合键，以此触发编辑器的撤销方法 undo()，接着可以清楚地看到输出中 5 000 字内容被奇迹般地恢复如初，世界依旧美好。

小贴士

读者可能会提出这样的疑问：既然要对元数据类（文档类 Doc）的各个历史状态进行记录，为何不直接利用原型模式对元对象进行复制，而非要重新定义一个与之类似的备忘录类（历史快照类 History）呢？其实这是出于对节省内存空间的考虑，譬如本例中历史快照类 History 只是针对"文档内容"进行记录，而不包括"文档标题"，或者其他有更大数据量的状态，所以我们没有必要对整个元对象进行完整复制而造成不必要的内存空间资源的浪费。否则，我们完全可以考虑结合备忘录模式与原型模式来记录历史快照。

19.4　历史回溯

备忘录模式就像一台时光机，让我们在软件世界里自由自在地进行时空穿梭。需要注意的是，备忘录类一定独立于元数据类而单独成类，其生成的历史记录也应该在元数据类之外进行维护，这样不但确保了元数据类的封装不被破坏，而且实现了对其内部状态历史变化的捕获与恢复。请参看备忘录模式的类结构，如图 19-3 所示。

备忘录模式的各角色定义如下。

- Originator（元）：状态需要被记录的元对象类，其状态是随时可变的。既可以生成包含其内部状态的即时备忘录，也可以利用传入的备忘录恢复到对应状态。对应本章例程中的文档类 Doc。
- Memento（备忘录）：与元对象相仿，但只需要保留元对象的状态，一个状态对应一个备忘录对象。对应本章例程中的历史快照类 History。
- CareTaker（看护人）：历史记录的维护者，持有所有记录的历史记录，并且提供对元数据对象的恢复操作，如撤销 undo()、重做 redo() 等，一般不提供对历史记录的修改。对应本章例程中的编辑器类 Editor。

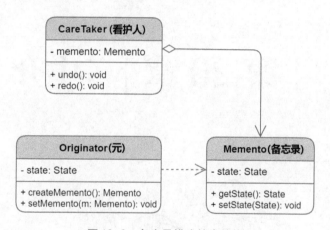

图 19-3　备忘录模式的类结构

在程序运行的过程中，内存中的对象状态变幻莫测，备忘录模式能为我们捕获每一个精彩的历史瞬间，让其留存于备忘录的每一页，以便我们回溯历史，勇敢前行。备忘录模式非常简单、易懂，但读者在应用时一定要小心一些陷阱，例如在元对象状态数据量过大的情况下，或者是无限制地对元对象进行快照备份的操作，都可能会导致内存空间资源的过度耗费，使系统性能变得越来越差。这时就要看读者怎样变通了，譬如为备忘录历史记录加上容量限制，可以总是保存最近的 20 条记录。通过诸如此类的方式可以改善这种情况，所以读者一定要根据特定的场景进行适当的变通，保持灵活开放的思维才能更好地利用设计模式，设计出更优秀的应用程序。

| 第 20 章 | 中介

中介是在事物之间传播信息的中间媒介。中介模式（Mediator）为对象构架出一个互动平台，通过减少对象间的依赖程度以达到解耦的目的。我们的生活中有各种各样的媒介，如婚介所、房产中介、门户网站、电子商务、交换机组网、通信基站、即时通软件等，这些都与人类的生活息息相关，离开它们我们将举步维艰。

对媒体来说，虽然它们的作用都一样，但在传递信息的方式上还是有差别的。如图 20-1 所示，以传统媒体为例，书刊杂志、报纸、电视、广播等，都是把信息传递给读者，有些是实时的（如电视），有些是延迟的（如报纸），但它们都是以单向的传递方式来传递信息的。而作为新媒体的互联网，不但可以更高效地把信息传递给用户，而且可以反向地获取用户的反馈信息。除此之外，互联网还能作为一个平台，让用户相互进行沟通，这种全终端、多点互通的结构特点更类似于中介模式。

图 20-1　媒体

20.1　简单直接交互

图 20-2　面对面沟通

通过中介我们可以更轻松、高效地完成信息交互。读者可能会提出这样的疑问：如果排除空间的限制，沟通人可以直接进行交互，根本不需要任何第三方的介入，如图 20-2 所示，对于面对面的二人沟通，中介显得有些多余。

为了更直观地理解中介的作用，我们用代码来模拟这种没有第三方参与的信息交互场景。首先定义人类，他一定得能听能说才能达成沟通，请参看代码清单 20-1。

代码清单 20-1　人类 People

```
1.  public class People {
2.
3.      private String name;//以名字来区别
4.      private People other;//持有对方的引用
```

```
5.
6.    public String getName() {
7.      return this.name;
8.    }
9.
10.   public People(String name) {
11.     this.name = name;//初始化必须起名
12.   }
13.
14.   public void connect(People other) {
15.     this.other = other;//连接方法中注入对方对象
16.   }
17.
18.   public void talk(String msg) {
19.     other.listen(msg);//我方讲话时,对方聆听
20.   }
21.
22.   public void listen(String msg) {
23.     //聆听来自对方的声音
24.     System.out.println(
25.       other.getName() + " 对 " + this.name + " 说:" + msg
26.     );
27.   }
28.
29. }
```

如代码清单 20-1 所示, 人类在第 3 行以名字作为代号来区分不同的人(对象),
接着在第 4 行持有另外一方沟通人的引用, 并于第 14 行的连接方法 connect() 中将
对方注入以建立连接, 如此才能与对方进行沟通。当然, 作为人类一定可以讲话与
聆听, 于是我们在第 18 行的发言方法 talk() 中调用了对方的聆听方法, 并将消息传
递给对方。在第 22 行的聆听方法 listen() 中收到对方的消息时则进行输出。人类代
码看起来非常简单, 此时尚未涉及第三方。我们让两人开始沟通, 请参看客户端代
码清单 20-2。

代码清单 20-2　客户端类 Client

```
1.  public class Client {
2.
3.    public static void main(String args[]) {
4.      People p3 = new People("张三");
5.      People p4 = new People("李四");
6.
7.      p3.connect(p4);
8.      p4.connect(p3);
9.
10.     p3.talk("你好。");
11.     p4.talk("早上好, 三哥。");
12.   }
13.   /***************************
```

```
14.    输出结果:
15.       张三 对 李四 说: 你好。
16.       李四 对 张三 说: 早上好, 三哥。
17.    ***************************/
18.
19. }
```

如代码清单 20-2 所示, 张三和李四两人聊得不亦乐乎, 第 14 行的输出结果显示双方沟通顺利达成, 信息可由一方发出再传递给另一方, 反之亦然, 看起来这种沟通毫无障碍。这种设计虽然简单、直接, 但请注意第 7 行与第 8 行代码, 双方在沟通前必须先建立连接, 互相持有对方对象的引用, 这样才能知道对方的存在。但如此便造成你中有我、我中有你, 谁也离不开谁的状况, 双方对象的耦合性太强。虽然在两人沟通的情况

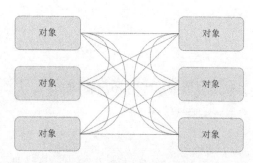

图 20-3　参会人的引用关系

下, 强耦合也不会造成太大问题, 但是倘若我们要进行一场多方讨论的会议, 那么在这种沟通模式下, 每个参会人就不止是持有沟通对方这么简单了, 而是必须持有其他所有人对象的引用列表 (如使用 ArrayList), 以建立每个对象之间的两两连接。我们以对象间的引用关系图来表示这种模式, 如图 20-3 所示。

对象间这种千丝万缕的耦合关系会带来很大的麻烦, 当我们要加入或减少一个参会人时, 都要将其同步更新给所有人, 每个人发送消息时都要先查找一遍消息接收方, 从而产生很多重复工作。我们陷入了一种多对多的对象关联陷阱, 这让复杂的对象关系难以维护, 所以必须重新考虑更合理的设计模式。

20.2　构建交互平台

要解决对象间复杂的耦合问题, 我们就必须借助第三方平台来把它们拆分开。首先要做的是把每个人持有的重复引用抽离出来, 将所有人的引用列表放入一个中介类, 这样就可以在同一个地方将它们统一维护起来, 对引用的操作只需要进行一次。我们来看引入中介平台后的对象关系图, 如图 20-4 所示。

引入中介后, 每个对象不再维护与其他对象的引用了, 取而代之的是与中介建立直接关联, 与图 20-3 相比, 引用关系瞬间变得一目了然。我们以聊天室为例开始代码实战, 首先对之前的人类 People 进行重构, 请参看代码清单 20-3 中的用户类。

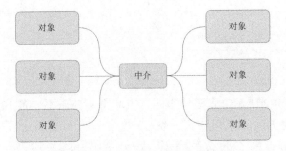

图20-4　引入中介后对象间的关系

代码清单 20-3　用户类 User

```
1.  public class User {
2.
3.      private String name;//名字
4.
5.      private ChatRoom chatRoom;//聊天室引用
6.
7.      public User(String name) {
8.          this.name = name;//初始化必须起名字
9.      }
10.
11.     public String getName() {
12.         return this.name;
13.     }
14.
15.     public void login(ChatRoom chatRoom) {//用户登录
16.         this.chatRoom = chatRoom;//注入聊天室引用
17.         this.chatRoom.register(this);//调用聊天室连接注册方法
18.     }
19.
20.     public void talk(String msg) {//用户发言
21.         chatRoom.sendMsg(this, msg);//给聊天室发送消息
22.     }
23.
24.     public void listen(User fromWhom, String msg) {//用户聆听
25.         System.out.print("【"+this.name+"的对话框】");
26.         System.out.println(fromWhom.getName() + " 说: " + msg);
27.     }
28.
29. }
```

如代码清单 20-3 所示，在第 5 行我们直接持有聊天室的引用 chatRoom，并在第 15 行的用户登录方法 login() 中将其注入进来。接着调用聊天室的连接注册方法 register() 与其建立连接，这意味着用户不再与其他用户建立连接了，而是连接聊天室并告知"我进来了，请进行注册"。同样，第 20 行的发言方法 talk() 以及第 24 行的聆听方法 listen() 也不与其他用户发生关联，前者会将消息直接发送给聊天室，后者则负责接收来自聊天室的消息。

通过上述操作,我们斩断了多用户之间的关联,一切关联都被间接地交给中介聊天室去处理,用户与用户彻底解耦。当然,用户在离开聊天室时还应该有一个注销方法,我们会在之后加入它。接下来就是至关重要的聊天室类了,它就是中介,请参看代码清单 20-4。

代码清单 20-4 聊天室类 ChatRoom

```
1.  public class ChatRoom {
2.
3.      private String name;//聊天室命名
4.
5.      public ChatRoom(String name) {
6.          this.name = name;//初始化必须命名聊天室
7.      }
8.
9.      List<User> users = new ArrayList<>();//加入聊天室的用户们
10.
11.     public void register(User user) {
12.         this.users.add(user);//用户进入聊天室加入列表
13.         System.out.print("系统消息: 欢迎【");
14.         System.out.print(user.getName());
15.         System.out.println("】加入聊天室【" + this.name + "】");
16.     }
17.
18.     public void sendMsg(User fromWhom, String msg) {
19.         // 循环users列表,将消息发送给所有用户
20.         users.stream().forEach(toWhom -> toWhom.listen(fromWhom, msg));
21.     }
22.
23. }
```

如代码清单 20-4 所示,聊天室类在第 9 行维护了一个以用户类 User 为泛型的用户列表 users,以记录当前聊天室中的所有用户。要进入聊天室的用户需要调用第 11 行的连接注册方法 register(),注册后会被加入用户列表中。同样,我们将第 18 行的发送消息方法 sendMsg() 也暴露给用户,当用户发送消息到平台时依次调用所有注册用户的聆听方法 listen(),将消息转发给聊天室内的所有在线用户。最后,我们来看客户端如何将聊天室建立起来,请参看代码清单 20-5。

代码清单 20-5 客户端类 Client

```
1.  public class Client {
2.
3.      public static void main(String[] args) {
4.          //聊天室实例化
5.          ChatRoom chatRoom = new ChatRoom("设计模式");
6.          //用户实例化
7.          User user3 = new User("张三");
```

```
8.        User user4 = new User("李四");
9.        User user5 = new User("王五");
10.       //张三、李四进入聊天室
11.       user3.login(chatRoom);
12.       user4.login(chatRoom);
13.       /*********输出*************
14.        系统消息：欢迎【张三】加入聊天室【设计模式】
15.        系统消息：欢迎【李四】加入聊天室【设计模式】
16.        **************************/
17.       //开始交谈
18.       user3.talk("你好，四兄弟，就你一个在啊？");
19.       /*********输出*************
20.        【张三的对话框】张三 说：你好，四兄弟，就你一个在啊？
21.        【李四的对话框】张三 说：你好，四兄弟，就你一个在啊？
22.        **************************/
23.       user4.talk("是啊，三哥。");
24.       /*********输出*************
25.        【张三的对话框】李四 说：早啊，三哥。
26.        【李四的对话框】李四 说：是啊，三哥。
27.        **************************/
28.       //王五进入聊天室
29.       user5.login(chatRoom);
30.       /*********输出*************
31.        系统消息：欢迎【王五】加入聊天室【设计模式】
32.        **************************/
33.       user3.talk("瞧，王老五来了。");
34.       /*********输出*************
35.        【张三的对话框】张三 说：瞧，王老五来了。
36.        【李四的对话框】张三 说：瞧，王老五来了。
37.        【王五的对话框】张三 说：瞧，王老五来了。
38.        **************************/
39.     }
40.
41. }
```

如代码清单 20-5 所示，不管是谁发言，用户只需自第 11 行起进入中介聊天室与其建立连接，即可轻松将消息发送至所有在线用户，消息以广播的形式覆盖聊天室内的每一个角落。聊天室中介平台的搭建，让用户以一种间接的方式进行沟通，彻底从错综复杂的用户直接关联中解脱出来。

20.3　多态化沟通

我们已经实现了围绕聊天室展开的群聊系统。如果需要进一步增强功能就得继续对系统进行重构，例如用户可能需要一对一的私密聊天，或者 VIP 用户需要具有超级权限等功能。这时我们就可以对聊天室与用户进行多态化设计，首先重构聊天室类与用户类，请分别参看代码清单 20-6、代码清单 20-7。

代码清单 20-6　聊天室抽象类 ChatRoom

```
1.  public abstract class ChatRoom {
2.
3.    protected String name;//聊天室命名
4.    protected List users = new ArrayList<>();//加入聊天室的用户们
5.
6.    public ChatRoom(String name) {
7.      this.name = name;//初始化必须命名聊天室
8.    }
9.
10.   protected void register(User user) {
11.     this.users.add(user);//用户进入聊天室加入列表
12.   }
13.
14.   protected void deregister(User user) {
15.     users.remove(user);//用户注销，从列表中删除用户
16.   }
17.
18.   protected abstract void sendMsg(User from, User to, String msg);
19.
20.   protected abstract String processMsg(User from, User to, String msg);
21.
22. }
```

代码清单 20-7　用户类 User

```
1.  public class User {
2.
3.    private String name;//名字
4.
5.    protected ChatRoom chatRoom;//聊天室引用
6.
7.    protected User(String name) {
8.      this.name = name;//初始化必须起名字
9.    }
10.
11.   public String getName() {
12.     return this.name;
13.   }
14.
15.   protected void login(ChatRoom chatRoom) {//用户登录
16.     chatRoom.register(this);//调用聊天室连接注册方法
17.     this.chatRoom = chatRoom;//注入聊天室引用
18.   }
19.
20.   protected void logout() {//用户注销
21.     chatRoom.deregister(this);//调用聊天室注销方法
22.     this.chatRoom = null;//置空当前聊天室引用
23.   }
24.
25.   protected void talk(User to, String msg) {//用户发言
26.     if (Objects.isNull(chatRoom)) {
```

```
27.        System.out.println("【" + name + "的对话框】" + "您还没有登录");
28.        return;
29.      }
30.      chatRoom.sendMsg(this, to, msg);//给聊天室发送消息
31.    }
32.
33.    public void listen(User from, User to, String msg) {//聆听方法
34.      System.out.print("【" + this.getName() + "的对话框】");
35.      System.out.println(chatRoom.processMsg(from, to, msg));//调用聊天室加工消息方法
36.    }
37.
38.    @Override
39.    public boolean equals(Object o) {
40.      if (o == null || getClass() != o.getClass()) return false;
41.      User user = (User) o;
42.      return Objects.equals(name, user.name);
43.    }
44.
45. }
```

如代码清单 20-6 与代码清单 20-7 所示，聊天室抽象类与用户类定义了一些基础的功能，对之前的代码进行了增强以完善系统功能，如聊天室类发送消息方法 sendMsg() 的抽象化，再如用户类对发言方法 talk() 的改造。如此一来，子类就可以根据自己的特性进行继承或者重写以实现自己的个性化。系统框架一旦构建，子类便可进行无限扩展。接下来我们定义公共聊天室和私密聊天室两个子类，请参看代码清单 20-8 和代码清单 20-9。

代码清单 20-8　公共聊天室类 PublicChatRoom

```
1.  public class PublicChatRoom extends ChatRoom {
2.
3.    public PublicChatRoom(String name) {
4.      super(name);
5.    }
6.
7.    @Override
8.    public void register(User user) {
9.      super.register(user);
10.     System.out.print("系统消息: 欢迎【" + user.getName() + "】");
11.     System.out.println("】加入公共聊天室【" + name + "】, 当前人数: " + users.size());
12.   }
13.
14.   @Override
15.   public void deregister(User user) {
16.     super.deregister(user);
17.     System.out.print("系统消息: " + user.getName());
18.     System.out.println("离开公共聊天室, 当前人数: " + users.size());
19.   }
20.
21.   @Override
22.   public void sendMsg(User from, User to, String msg) {
23.     if (Objects.isNull(to)) {//如果接收者为空, 则将消息发送给所有人
```

```
24.        users.forEach(user -> user.listen(from, null, msg));
25.        return;
26.      }
27.      //否则发送消息给特定的人
28.      users.stream().filter(
29.          user -> user.equals(to) || user.equals(from)
30.      ).forEach(
31.          user -> user.listen(from, to, msg)
32.      );
33.    }
34.
35.    @Override
36.    protected String processMsg(User from, User to, String msg) {
37.      String toName = "所有人";
38.      if (!Objects.isNull(to)) {
39.        toName = to.getName();
40.      }
41.      return from.getName() + "对" + toName + "说：" + msg;
42.    }
43.
44. }
```

代码清单 20-9　私密聊天室类 PrivateChatRoom

```
1. public class PrivateChatRoom extends ChatRoom {
2.
3.    public PrivateChatRoom(String name) {
4.      super(name);
5.    }
6.
7.    @Override
8.    public synchronized void register(User user) {
9.      if (users.size() == 2) {//聊天室最多容纳2人
10.        System.out.println("系统消息：聊天室已满");
11.        return;
12.      }
13.      super.register(user);
14.      System.out.print("系统消息：欢迎【");
15.      System.out.print(user.getName());
16.      System.out.println("】加入2人聊天室【" + name + "】");
17.    }
18.
19.    @Override
20.    public void sendMsg(User from, User to, String msg) {
21.      users.forEach(user -> user.listen(from, null, msg));
22.    }
23.
24.    @Override
25.    public void deregister(User user) {
26.      super.deregister(user);
27.      System.out.print("系统消息：" + user.getName() + "离开聊天室。");
28.    }
29.
```

```
30.     @Override
31.     protected String processMsg(User from, User to, String msg) {
32.         return from.getName() + "说: " + msg;
33.     }
34.
35. }
```

如代码清单 20-8、代码清单 20-9 所示，公共聊天室除了可以广播式发送消息，还增加了发送消息给特定用户的功能；私密聊天室将加入人数限制为两人，沟通只在两人世界中展开。同样，我们来定义一个超级用户类，让他拥有更多的权限，请参看代码清单 20-10。

代码清单 20-10　超级用户类 AdminUser

```
1.  public class AdminUser extends User {
2.
3.      public AdminUser(String name) {
4.          super(name);
5.      }
6.
7.      public void kick(User user) {//踢出其他用户
8.          user.logout();//调用被踢用户的注销方法
9.      }
10.
11. }
```

如代码清单 20-10 所示，我们为超级用户增加了一个特殊权限方法 kick()，将破坏聊天规则的用户踢出聊天室。当然，我们还可以为超级用户添加更多权限，例如"警告""禁言"等方法，读者可以思考一下如何实现。至此，基于中介模式的聊天室多态化让系统功能越来越丰富了，我们将通用功能的公共代码抽象到了父类中实现，而对于个性化的功能则具体由子类去实现，并且让用户与平台各自负责自己的工作，类有所属，各尽其能。

20.4　星形拓扑

中介模式不仅在生活中应用广泛，还大量存在于软硬件架构中，例如微服务架构中的注册发现中心、数据库中的外键关系表，再如网络设备中的路由器等，中介的角色均发挥了使对象解耦的关键作用。不管是对象引用维护还是消息的转发，都由处于中心节点的中介全权负责，最终架构出一套类似于星形拓扑的网络结构，如图 20-5 所示，极大地简化了各对象间多对多的复杂关联，最终解决了对象间过度耦合、频繁交互的问题，请

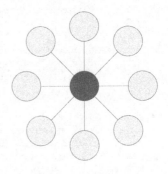

图 20-5　星形拓扑

参看中介模式的类结构，如图 20-6 所示。

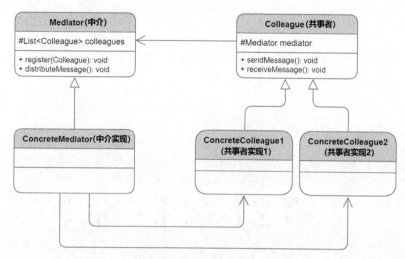

图 20-6　中介模式的类结构

中介模式的各角色定义如下。

- Mediator（中介）：共事者之间通信的中介平台接口，定义与共事者的通信标准，如连接注册方法与发送消息方法等。对应本章例程中的聊天室类 ChatRoom（本例以抽象类的形式定义中介接口）。
- ConcreteMediator（中介实现）：可以有多种实现，持有所有共事者对象的列表，并实现中介定义的通信方法。对应本章例程中的公共聊天室类 PublicChatRoom、私密聊天室类 PrivateChatRoom。
- Colleague（共事者）、ConcreteColleague（共事实现）：共事者可以有多种共事者实现。共事者持有中介对象的引用，以使其在发送消息时可以调用中介，并由它转发给其他共事者对象。对应本章例程中的用户类 User。

众所周知，对象间显式的互相引用越多，意味着依赖性越强，同时独立性越弱，不利于代码的维护与扩展。中介模式很好地解决了这些问题，它能将多方互动的工作交由中间平台去完成，解除了你中有我、我中有你的相互依赖，让各个模块之间的关系变得更加松散、独立，最终增强系统的可复用性与可扩展性，同时也使系统运行效率得到提升。

| 第 21 章 | 命令

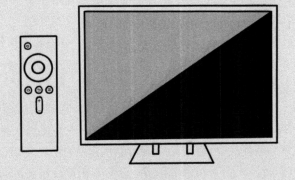

命令是一个对象向另一个或多个对象发送的指令信息。命令的发送方负责下达指令，接收方则根据命令触发相应的行为。作为一种数据（指令信息）驱动的行为型设计模式，命令模式（Command）能够将指令信息封装成一个对象，并将此对象作为参数发送给接收方去执行，以使命令的请求方与执行方解耦，双方只通过传递各种命令过象来完成任务。此外，命令模式还支持命令的批量执行、顺序执行以及命令的反执行等操作。

21.1 对电灯的控制

现实生活中，命令模式随处可见，如遥控器对电视机发出的换台、调音量等指令；将军针对士兵执行进攻、撤退或者先退再进的任务所下达的一系列命令；餐厅中顾客为了让厨师按照自己的需求烹饪所需的菜品，需要与服务员确定的点菜单。除此之外，在进行数据库的增、删、改、查时，用户会向数据库发送 SQL 语句来执行相关操作，或提交回滚操作，这也与命令模式非常类似。我们先从一个简单的电灯控制系统入手，如图 21-1 所示。其中开关可被视为命令的发送（请求）方，而灯泡则对应为命令的执行方。我们先从命令执行方开始代码实战。灯泡类一定有这样 2 个行为：通电灯亮，断电灯灭，请参看代码清单 21-1。

图21-1　灯泡

代码清单 21-1　灯泡类 Bulb

```java
1.  public class Bulb {
2.
3.      public void on(){
4.          System.out.println("灯亮。");
5.      }
6.
7.      public void off(){
8.          System.out.println("灯灭。");
9.      }
10.
11. }
```

要使灯泡亮起来就需要通电，直接用导线连接电源既不方便又很危险。既然要做的是一个电灯控制系统，那么一定要对系统采用模块化的设计理念，所以我们应该为灯泡接上一个开关。作为命令请求方，开关用来控制电源的接通与切断，所以它也应该包括 2 个方法：一个是按下按钮的操作，另一个是弹起按钮的操作，请参看代码清单 21-2。

代码清单 21-2　开关类 Switcher

```
1.  public class Switcher {
2.
3.      private Bulb bulb;
4.
5.      public Switcher(Bulb bulb) {
6.          this.bulb = bulb;
7.      }
8.
9.      // 按钮触发事件
10.     public void buttonPush() {
11.         System.out.println("按下按钮……");
12.         bulb.on();
13.     }
14.
15.     public void buttonPop() {
16.         System.out.println("弹起按钮……");
17.         bulb.off();
18.     }
19.
20. }
```

如代码清单 21-2 所示，这里的开关类 Switcher 其实就是一个简单的控制器，它在第 3 行包含了一个灯泡对象的引用，并在第 5 行的构造方法中将其注入，接着在第 10 行的按下按钮操作方法 buttonPush() 以及第 15 行的弹起按钮操作方法 buttonPop() 中分别绑定了按钮事件的触发行为，也就是按下按钮会触发灯亮，弹起按钮会触发灯灭。代码非常简单、易懂，客户端可以使用这个电灯控制系统了，请参看代码清单 21-3。

代码清单 21-3　客户端类 Client

```
1.  public class Client {
2.
3.      public static void main(String[] args) {
4.          Switcher switcher = new Switcher(new Bulb());
5.          switcher.buttonPush();
6.          switcher.buttonPop();
7.
8.          /*输出:
9.              按下按钮……
10.             灯亮。
11.             弹起按钮……
12.             灯灭。
13.         */
14.     }
15.
16. }
```

如代码清单 21-3 所示，客户端类 Client 在第 4 行将灯泡接入开关，依次对其进行了按钮操作，作为结果，我们可以看到第 8 行中触发的灯亮与灯灭行为。虽然电灯一切工作正常，但是需要特别注意的是，第 3 行中我们声明了灯泡类的引用，并于第 5 行的构造方法中将其初始化，那么无疑这里的开关与灯泡就绑定了，也就是说开关与灯泡强耦合了。

有些读者可能意识到了这里应该使用策略模式，用接口来承接灯泡或者其他类电器，以此来解决耦合问题。当然，这样可以使设备端与控制器端解耦，但控制器与设备接口又耦合在一起了，简单说就是控制器只能控制某一类接口的设备，依然存在一定的局限性。我们不妨将关注点转向对命令模块的多态性设计，比如我们的开关命令不应该只能控制灯泡，还要能控制空调、冰箱等设备，而命令也不应该只是开关发出的，还可以由键盘的回车键 Enter 与退出键 Esc 来发出，这时我们就得换一个角度来思考系统设计了。

21.2　开关命令

既然是命令模式，那么一定要从"命令"本身切入。此前我们已经实现了命令的请求方（开关类）与执行方（灯泡类）两个模块，要解决它们之间的耦合问题，我们决定引入命令模块。不管是什么命令，它一定是可以被执行的，所以我们首先定义一个命令接口，以确立命令的执行规范，请参看代码清单 21-4。

代码清单 21-4　命令接口 Command

```
1.  public interface Command {
2.
3.      //执行命令
4.      void exe();
5.
6.      //反向执行命令
7.      void unexe();
8.
9.  }
```

如代码清单 21-4 所示，命令接口在第 4 行定义了执行方法 exe()，与之相反，在第 7 行定义了反向执行方法 unexe()，之后定义的所有命令都应与此接口保持兼容，所以电灯控制系统中的开关命令类理所当然应该实现此命令接口，请参看代码清单 21-5。

代码清单 21-5　开关命令类 SwitchCommand

```
1.  public class SwitchCommand implements Command {
2.
3.      private Bulb bulb;
4.
```

```
5.        public SwitchCommand(Bulb bulb) {
6.            this.bulb = bulb;
7.        }
8.
9.        @Override
10.       public void exe() {
11.           bulb.on();// 执行开灯操作
12.       }
13.
14.       @Override
15.       public void unexe() {
16.           bulb.off();// 执行关灯操作
17.       }
18.
19. }
```

> **注意**
>
> 　　对于代码清单 21-5 中的开关命令类 SwitchCommand，由于场景比较简单，我们将所有命令简化为一个类来实现了。其实更确切的做法是将每个命令封装为一个类，也就是可以进一步将其拆分为"开命令"（OnCommand）与"关命令"（OffCommand）两个实现类，其中前者的执行方法中触发灯泡的开灯操作，反向执行方法中则触发灯泡的关灯操作，而后者则反之，以此支持更多高级功能。

　　如代码清单 21-5 所示，开关命令类 SwitchCommand 在第 5 行的构造方法中将灯泡注入，之后第 10 行的执行方法实现与第 15 行的反向执行方法实现中分别触发了灯泡的开灯操作与关灯操作。至此，命令模块已经就绪，并成功与命令执行方（灯泡）对接，这时作为命令请求方的开关就彻底与灯泡解耦了，也就是说，开关不能直接控制电灯了。我们来看如何对之前的开关类 Switcher 进行重构，请参看代码清单 21-6。

代码清单 21-6　开关类 Switcher

```
1. public class Switcher {
2.
3.     private Command command;
4.
5.     // 设置命令
6.     public void setCommand(Command command) {
7.         this.command = command;
8.     }
```

```
9.
10.       // 按钮事件绑定
11.       public void buttonPush() {
12.           System.out.println("按下按钮……");
13.           command.exe();
14.       }
15.
16.       public void buttonPop() {
17.           System.out.println("弹起按钮……");
18.           command.unexe();
19.       }
20.
21.  }
```

如代码清单 21-6 所示，开关类 Switcher 不再引入任何灯泡对象，取而代之的是第 3 行持有的命令接口 Command，并在第 6 行提供了命令设置方法 setCommand()，以实现命令的任意设置。之后我们在按钮操作方法中进行事件绑定，其中第 11 行的按下按钮方法 buttonPush() 对应命令的执行方法 exe()，而第 16 行的弹起按钮方法 buttonPop() 则对应命令的反向执行方法 unexe()。至此，命令模块以接口以及实现类的方式被成功地植入开关控制器芯片。最后我们来看如何将这些模块组织起来，请参看代码清单 21-7。

代码清单 21-7　客户端类 Client

```
1.  public class Client {
2.
3.      public static void main(String[] args) {
4.          Switcher switcher = new Switcher();//命令请求方
5.          Bulb bulb = new Bulb();//命令执行方
6.          Command switchCommand = new SwitchCommand(bulb);//开关命令
7.
8.          switcher.setCommand(switchCommand);//为开关绑定开关命令
9.          switcher.buttonPush();
10.         switcher.buttonPop();
11.         /*输出：
12.             按下按钮……
13.                 灯亮。
14.             弹起按钮……
15.                 灯灭。
16.         */
17.     }
18.
19.  }
```

如代码清单 21-7 所示，客户端类 Client 首先实例化了开关 switcher（命令请求方），然后实例化了灯泡 bulb（命令执行方），最后实例化了一个开关命令 switchCommand 并注入灯泡（灯泡对应的开关命令），这样三方模块就全部构建完成了。接下来我们开始使用它们，在第 8 行将开关 switcher 的当前命令配置为灯泡的开关命令

switchCommand，然后按下按钮触发灯亮，弹起按钮触发灯灭，可以看到第 11 行的输出结果显示一切正常，与之前的系统行为一模一样。

有些读者可能会产生这样的疑问：我们加入命令模块是为了将命令请求方与命令执行方解耦，而我们的应用场景只是一个简单的电灯开关控制系统，何必如此大动干戈？此时看来的确没有太大的意义，但在命令模式的架构下我们就可以为系统添加一些高级功能了。

21.3 霓虹灯闪烁

电灯控制系统虽然已搭建完成，但此时实现的只是灯泡的开关功能，不能完全满足用户的需求，例如用户要求实现灯泡闪烁的霓虹灯效果。当下仅有的开关命令是无法实现这种效果的。要实现这种一键自动完成的功能，我们得添加新的"闪烁"命令类，请参看代码清单 21-8。

代码清单 21-8　闪烁命令类 FlashCommand

```
1.  public class FlashCommand implements Command {
2.
3.      private Bulb bulb;
4.      private volatile boolean neonRun = false;// 闪烁命令运行状态
5.
6.      public FlashCommand(Bulb bulb) {
7.          this.bulb = bulb;
8.      }
9.
10.     @Override
11.     public void exe() {
12.         if (!neonRun) {// 非命令运行时才能启动闪烁线程
13.             neonRun = true;
14.             System.out.println("霓虹灯闪烁任务启动");
15.             new Thread(() -> {
16.                 try {
17.                     while (neonRun) {
18.                         bulb.on();// 执行开灯操作
19.                         Thread.sleep(500);
20.                         bulb.off();// 执行关灯操作
21.                         Thread.sleep(500);
22.                     }
23.                 } catch (InterruptedException e) {
24.                     e.printStackTrace();
25.                 }
26.             }).start();
27.         }
28.     }
29.
```

```
30.    @Override
31.    public void unexe() {
32.        neonRun = false;
33.        System.out.println("霓虹灯闪烁任务结束");
34.    }
35.
36. }
```

如代码清单 21-8 所示，闪烁命令类 FlashCommand 实现了命令接口，与之前的开关命令相比，其执行方法 exe() 与反向执行方法 unexe() 的实现大相径庭。可以看到从第 12 行开始，我们在一番状态逻辑校验后便启动了霓虹灯闪烁线程，其间反复地触发灯泡的开关操作以使其不断闪烁，直到第 31 行的反向执行方法被调用为止。此处的代码逻辑不是重点，读者更需要关注的是这个闪烁命令同样符合命令接口 Command 的标准，如此才能保证良好的系统兼容性，并成功植入开关控制器芯片（命令请求方）完成事件与命令的绑定。最后我们来验证一下可行性，请参看代码清单 21-9。

代码清单 21-9　客户端类 Client

```
1.  public class Client {
2.
3.      public static void main(String[] args) throws InterruptedException {
4.          Switcher switcher = new Switcher();//命令请求方
5.          Bulb bulb = new Bulb();//命令执行方
6.          Command flashCommand = new FlashCommand(bulb); //闪烁命令
7.
8.          switcher.setCommand(flashCommand);
9.          switcher.buttonPush();
10.         Thread.sleep(3000);//此处观看一会闪烁效果再结束任务
11.         switcher.buttonPop();
12.         /*输出:
13.              按下按钮……
14.              霓虹灯闪烁任务启动
15.              灯亮。
16.              灯灭。
17.              灯亮。
18.              灯灭。
19.              灯亮。
20.              灯灭。
21.              弹起按钮……
22.              霓虹灯闪烁任务结束
23.         */
24.     }
25.
26. }
```

如代码清单 21-9 所示，与之前类似，客户端类 Client 实例化了闪烁命令 flashCommand 并植入开关控制器芯片，接着按下按钮，等待 3 秒后再结束任务。结果如愿以偿，可以看到第 12 行的输出中展示的霓虹闪烁效果了。

客户端对霓虹灯闪烁效果非常满意，达到了预期的效果。可以看到，在命令模式构架的电灯开关控制系统中，我们只是新添加了一个闪烁命令，并没有更改任何模块便使灯泡做出了不同的行为响应。也就是说，命令模式能使我们在不改变任何现有系统代码的情况下，实现命令功能的无限扩展。

21.4　物联网

通过对电灯开关控制系统的例子可以看到，命令模式对命令的抽象与封装能让控制器（命令请求方）与电器设备（命令执行方）彻底解耦。命令的多态带来了很大的灵活性，我们可以将任何命令绑定到任何控制器上。例如在物联网或是智能家居场景中，发出命令请求的控制器端可能有键盘、遥控器，甚至是手机App 等，而作为命令执行方的电器设备端可能有灯泡、电视机、收音机、空调等，如图 21-2 所示。

图 21-2　各种各样的控制器设备与电器设备

如图 21-2 所示，各种设备接口标准繁杂，如 USB、红外线、蓝牙、串口、并口等。要实现物联网接口的统一集中管理，我们可以使用命令模式，忽略繁杂的电器设备接口，实现任意设备间的端到端控制。例如用户需要用键盘同时控制电视机和电灯，我们首先来定义命令执行方的电视机类，请参看代码清单 21-10。

代码清单 21-10　电视机类 TV

```
1.  public class TV {
2.
3.      public void on() {
4.          System.out.println(" 电视机开启");
5.      }
```

```
6.
7.      public void off() {
8.          System.out.println(" 电视机关闭");
9.      }
10.
11.     public void channelUp() {
12.         System.out.println(" 电视机频道+");
13.     }
14.
15.     public void channelDown() {
16.         System.out.println(" 电视机频道-");
17.     }
18.
19.     public void volumeUp() {
20.         System.out.println(" 电视机音量+");
21.     }
22.
23.     public void volumeDown() {
24.         System.out.println(" 电视机音量-");
25.     }
26.
27. }
```

如代码清单 21-10 所示，电视机类比电灯类的功能复杂得多，除了开关还有频道转换及音量调节等功能。对于命令我们写得更详尽一些，为每个功能添加一个命令类。为节省篇幅，我们只提供电视开机命令 TVOnCommand、电视关机命令 TVOffCommand 以及电视频道上调命令 TVChannelUpCommand，请分别参看代码清单 21-11、代码清单 21-12 以及代码清单 21-13。

代码清单 21-11　电视开机命令类 TVOnCommand

```
1.  public class TVOnCommand implements Command {
2.
3.      private TV tv;
4.
5.      public TVOnCommand(TV tv) {
6.          this.tv = tv;
7.      }
8.
9.      @Override
10.     public void exe() {
11.         tv.on();
12.     }
13.
14.     @Override
15.     public void unexe() {
16.         tv.off();
17.     }
18.
19. }
```

代码清单 21-12　电视关机命令类 TVOffCommand

```
1.  public class TVOffCommand implements Command {
2.
3.      private TV tv;
4.
5.      public TVOffCommand(TV tv) {
6.          this.tv = tv;
7.      }
8.
9.      @Override
10.     public void exe() {
11.         tv.off();
12.     }
13.
14.     @Override
15.     public void unexe() {
16.         tv.on();
17.     }
18.
19. }
```

代码清单 21-13　电视频道上调命令类 TVChannelUpCommand

```
1.  public class TVChannelUpCommand implements Command {
2.
3.      private TV tv;
4.
5.      public TVChannelUpCommand(TV tv) {
6.          this.tv = tv;
7.      }
8.
9.      @Override
10.     public void exe() {
11.         tv.channelUp();
12.     }
13.
14.     @Override
15.     public void unexe() {
16.         tv.channelDown();
17.     }
18.
19. }
```

如代码清单 21-11、代码清单 21-12 以及代码清单 21-13 所示，电视机对应的一系列命令定义完毕，其他命令大同小异，请读者自行实现。接下来我们定义作为命令请求方的键盘控制器类 Keyboard，请参看代码清单 21-14。

代码清单 21-14　键盘控制器类 Keyboard

```
1.  public class Keyboard {
2.      public enum KeyCode {
```

```
3.        F1, F2, ESC, UP, DOWN, LEFT, RIGHT;
4.    }
5.
6.    private Map<KeyCode, List<Command>> keyCommands = new HashMap<>();
7.
8.    // 按键与命令映射
9.    public void bindKeyCommand(KeyCode keyCode, List<Command> commands) {
10.       this.keyCommands.put(keyCode, commands);
11.   }
12.
13.   // 触发按键
14.   public void onKeyPressed(KeyCode keyCode) {
15.       System.out.println(keyCode + "键按下……");
16.       List<Command> commands = this.keyCommands.get(keyCode);
17.       if (commands == null) {
18.           System.out.println(" 警告：无效的命令。");
19.           return;
20.       }
21.       commands.stream().forEach(command -> command.exe());
22.   }
23.
24. }
```

　　如代码清单 21-14 所示，键盘控制器类 Keyboard 在第 2 行定义的枚举类型 KeyCode 对应键盘上的所有键，此处我们暂且定义 7 个键。第 6 行的 keyCommands 用来保存“按键”与“命令集”的映射 Map，其中前者作为 Map 的键，而后者则作为 Map 的值，这里我们使用 List 来保存多条命令以使按键支持宏命令。接着第 9 行的 bindKeyCommand() 方法提供了“按键与命令映射”的键盘命令自定义功能，如此一来用户就可以将任意命令映射至键盘的任意按键上了。接着第 14 行提供给外部按键事件的触发方法，它会以传入的 KeyCode 枚举从按键命令映射 keyCommands 中获取对应的命令集，并依次执行。最后，我们来看客户端如何组装运行，请参看代码清单 21-15。

代码清单 21-15　客户端类 Client

```
1.  public class Client {
2.
3.    public static void main(String[] args) {
4.        Keyboard keyboard = new Keyboard();
5.        TV tv = new TV();
6.        Command tvOnCommand = new TVOnCommand(tv);
7.        Command tvOffCommand = new TVOffCommand(tv);
8.        Command tvChannelUpCommand = new TVChannelUpCommand(tv);
9.
10.       //按键与命令映射
11.       keyboard.bindKeyCommand(
12.           Keyboard.KeyCode.F1,
13.           Arrays.asList(tvOnCommand)
14.       );
15.       keyboard.bindKeyCommand(
```

```
16.            Keyboard.KeyCode.LEFT,
17.            Arrays.asList(tvChannelUpCommand)
18.        );
19.        keyboard.bindKeyCommand(
20.            Keyboard.KeyCode.ESC,
21.            Arrays.asList(tvOffCommand)
22.        );
23.
24.        //触发按键
25.        keyboard.onKeyPressed(Keyboard.KeyCode.F1);
26.        keyboard.onKeyPressed(Keyboard.KeyCode.LEFT);
27.        keyboard.onKeyPressed(Keyboard.KeyCode.UP);
28.        keyboard.onKeyPressed(Keyboard.KeyCode.ESC);
29.
30.        /*输出:
31.            F1键按下……
32.                电视机开启
33.            LEFT键按下……
34.                电视机频道+
35.            UP键按下……
36.                警告:无效的命令。
37.            ESC键按下……
38.                电视机关闭
39.        */
40.    }
41.
42. }
```

如代码清单 21-15 所示,我们从第 10 行开始按键与命令的映射,将"电视开机"命令映射至功能键"F1"上;将"电视频道上调"命令映射至左键"←"上;将"电视关机"命令映射至退出键"Esc"上。最后触发一系列键盘按键操作,可以看到第 30 行的输出中电视机做出了所期待的响应。注意第 36 行的警告是由于上键"↑"没有映射至任何命令造成的,请读者自行实现。

除此之外,客户端还要求对灯泡进行控制,并且实现从开灯到电视开机并调节至最佳音量的一键式宏命令操作。我们的系统框架已经搭建得非常完善了,读者可以自行定义开灯命令,再将其植入按键命令映射,请参看代码清单 21-16。

代码清单 21-16   客户端类 Client

```
1.  public class Client {
2.
3.     public static void main(String[] args) {
4.        Keyboard keyboard = new Keyboard();
5.        TV tv = new TV();
6.        Bulb bulb = new Bulb();
7.        Command tvOnCommand = new TVOnCommand(tv);
8.        Command tvChannelUpCommand = new TVChannelUpCommand(tv);
9.        Command bulbOnCommand = new BulbOnCommand(bulb);
10.
```

```
11.        keyboard.bindKeyCommand(
12.            Keyboard.KeyCode.F2,
13.            Arrays.asList(
14.                bulbOnCommand,//将开灯命令也加入按键命令映射
15.                tvOnCommand,
16.                tvChannelUpCommand,
17.                tvChannelUpCommand,
18.                tvChannelUpCommand
19.            )
20.        );
21.        keyboard.onKeyPressed(Keyboard.KeyCode.F2);
22.
23.        /*输出:
24.           F2键按下……
25.               灯亮。
26.           电视机开启
27.           电视机频道+
28.           电视机频道+
29.           电视机频道+
30.        */
31.    }
32.
33. }
```

如代码清单 21-16 所示，客户端类 Client 从第 11 行开始将"开灯""电视开机"以及 3 次"电视频道上调"这一系列的宏命令映射到键盘的功能键"F2"上，接着在第 21 行按下"F2"键触发宏命令，结果在第 23 行中输出。这样用户再也不用通过不同的控制器进行多次操作了，一键式的快捷操作便可将客厅中的所有设备调节至最佳状态。此外，我们还可以加入操作记录功能，或者更高级的反向执行撤销、事务回滚等功能，读者可以自行实践代码。

21.5　万物兼容

至此，命令模式的应用使我们的各种设备都连接了起来，要给电器设备（命令执行方）发送命令时，只需要扩展新的命令并映射至键盘（命令请求方或发送方）的某个按键（方法）。命令模式巧妙地利用了命令接口将命令请求方与命令执行方隔离开来，使发号施令者与任务执行者解耦，甚至意识不到对方接口的存在而全靠命令的上传下达。最后我们来看命令模式的类结构，如图 21-3 所示。

命令模式的各角色定义如下。

■　Invoker（命令请求方）：命令的请求方或发送方，持有命令接口的引用，并控制命令的执行或反向执行操作。对应本章例程中的控制器端，如键盘控制

器类 Keyboard。

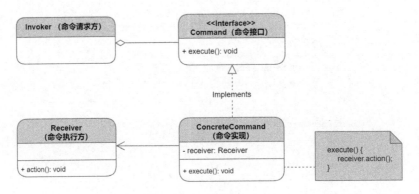

图 21-3   命令模式的类结构

- Command（命令接口）：定义命令执行的接口标准，可包括执行与反向执行操作。
- ConcreteCommand（命令实现）：命令接口的实现类，可以有任意多个，其执行方法中调用命令执行方所对应的执行方法。对应本章例程中的各种命令类，如开灯命令类 BulbOnCommand、电视机频道上调命令类 TVChannelUpCommand 等。
- Receiver（命令执行方）：最终的命令执行方，对应本章例程中的各种电器设备，如灯泡类 Bulb、电视机类 TV。

当然，任何模式都有优缺点。命令模式可能会导致系统中命令类定义泛滥的问题，读者应视具体情况而定，不要顾此失彼。命令模式其实与策略模式非常类似，只不过前者较后者多了一层封装，命令接口的统一确立，使系统可以忽略命令执行方接口的多样性与复杂性，将接口对接与业务逻辑交给具体的命令去实现，并且实现命令的无限扩展。松散的系统架构让所有模块真正实现端到端的无障碍通信，使系统兼容性获得极大的提升，万物互通、有容乃大。

第 22 章 访问者

访问者模式（Visitor）主要解决的是数据与算法的耦合问题，尤其是在数据结构比较稳定，而算法多变的情况下。为了不"污染"数据本身，访问者模式会将多种算法独立归类，并在访问数据时根据数据类型自动切换到对应的算法，实现数据的自动响应机制，并且确保算法的自由扩展。

众所周知，对数据的封装，我们常常会用到 POJO 类，它除 get 和 set 方法之外不应包含任何业务逻辑，也就是说它只封装了一组数据且不具备任何数据处理能力，最常见的如做 OR-Mapping 时数据库表所对应的持久化对象（Persistent Object，PO）或转换后的值对象（Value Object，VO）。因为数据库是相对稳定的，所以这些 POJO 类亦是如此。反之，业务逻辑却是灵活多变的，所以通常我们不会将业务逻辑封装在这些数据类里面，而是交给专门的业务类（business service）（或者算法类）去处理。此时我们可以加入"访问者"模块，并根据不同类型的数据开展不同的业务，最终达到期望的响应结果。

22.1   多样化的商品

访问者模式也许是最复杂的一种设计模式，这让很多人望而却步。为了更轻松、深刻地理解其核心思想，我们从最简单的超市购物实例开始，由浅入深、逐层突破。如图 22-1 所示，超市货架上摆放着琳琅满目的商品，有水果、糖果及各种酒水饮料等，这些商品有些按斤卖，有些按袋卖，而有些则按瓶卖，并且优惠力度也各不相同，所以它们应该对应不同的商品计价方法。

图 22-1   超市商品

如图 22-1 所示，无论商品的计价方法多么复杂，我们都不必太操心，因为最终结账时由收银员统一集中处理，毕竟在商品类里加入多变的计价方法是不合理的设计。首先我们来看如何定义商品对应的 POJO 类，假设货架上的商品有糖果类、酒类和水果类，除各自的特征之外，它们应该拥有一些类似的属性与方法。为了简化代码，我们将这些通用的数据封装，抽象到商品父类中去，请参看代码清单 22-1。

代码清单 22-1　商品抽象类 Product

```
1.  public abstract class Product {
2.
3.      Private String name;// 商品名
4.      Private LocalDate producedDate;// 生产日期
5.      Private float price;// 单品价格
6.
7.      public Product(String name, LocalDate producedDate, float price) {
8.          this.name = name;
9.          this.producedDate = producedDate;
10.         this.price = price;
11.     }
12.
13.     public String getName() {
14.         return name;
15.     }
16.
17.     public void setName(String name) {
18.         this.name = name;
19.     }
20.
21.     public LocalDate getProducedDate() {
22.         return producedDate;
23.     }
24.
25.     public void setProducedDate(LocalDate producedDate) {
26.         this.producedDate = producedDate;
27.     }
28.
29.     public float getPrice() {
30.         return price;
31.     }
32.
33.     public void setPrice(float price) {
34.         this.price = price;
35.     }
36.
37. }
```

如代码清单 22-1 所示，商品抽象类 Product 抽象出的都是最基本的通用商品属性，如商品名 name、生产日期 producedDate、单品价格 price。接下来对子类商品的定义

就简单多了，它们依次是糖果类、酒类和水果类，请参看代码清单 22-2、代码清单
22-3 以及代码清单 22-4。

代码清单 22-2   糖果类 Candy

```
1.  public class Candy extends Product {
2.
3.      public Candy(String name, LocalDate producedDate, float price) {
4.          super(name, producedDate, price);
5.      }
6.
7.  }
```

代码清单 22-3   酒类 Wine

```
1.  public class Wine extends Product {
2.
3.      public Wine(String name, LocalDate producedDate, float price) {
4.          super(name, producedDate, price);
5.      }
6.
7.  }
```

代码清单 22-4   水果类 Fruit

```
1.   public class Fruit extends Product {
2.
3.       private float weight;
4.
5.       public Fruit(String name, LocalDate producedDate, float price, float weight) {
6.           super(name, producedDate, price);
7.           this.weight = weight;
8.       }
9.
10.      public float getWeight() {
11.          return weight;
12.      }
13.
14.      public void setWeight(float weight) {
15.          this.weight = weight;
16.      }
17.
18.  }
```

如代码清单 22-2、代码清单 22-3 以及代码清单 22-4 所示，糖果类 Candy 与酒
类 Wine 都是成品，不管是按瓶出售还是按袋出售都可以继承父类的单品价格，一个
对象代表一件商品。而水果类 Fruit 则有些特殊，因为它是散装出售并且按斤计价的，
所以单品对象的价格不固定，我们为其增加了一个重量属性 weight。

22.2 多变的计价方法

商品数据类定义好后，顾客便可以挑选商品并加入购物车了，最后一定少不了去收银台结账的步骤，这时收银员会对商品上的条码进行扫描以确定单品价格，如图 22-2 所示。这就像"访问"了顾客的商品信息，并将其显示在屏幕上，最终将商品价格累加完成计价，所以收银员角色非常类似于商品的"访问者"。

我们假设超市对每件商品都进行一定的打折优惠，对于生产日期越早的商品打折力度越大，而过期商品则不能出售，但这种计价策略不适用于酒类商品。针对不同商品的优惠计价策略是不一样的，作为访问者的收银员应该针对不同的商品应用不同的计价方法。

基于此，我们来思考一下如何设计访问者。我们先做出对商品类别的判断，能否用 instanceof 运算符判断商品类别呢？不能，

图22-2 超市收银台

否则代码里就会充斥着大量以"if""else"组织的逻辑，显然太混乱。有些读者可能想到了使用多个同名方法的方式，以不同的商品类别作为入参来分别处理。没错，这种情况用重载方法再合适不过了。我们开始代码实战，首先定义一个访问者接口，为日后的访问者扩展打好基础，请参看代码清单 22-5。

代码清单 22-5　访问者接口 Visitor

```
1.  public interface Visitor {
2.
3.      public void visit(Candy candy);// 糖果重载方法
4.
5.      public void visit(Wine wine);// 酒类重载方法
6.
7.      public void visit(Fruit fruit);// 水果重载方法
8.
9.  }
```

如代码清单 22-5 所示，访问者接口 Visitor 定义了 3 个同名重载方法 visit()，按照商品类别参数分别处理 3 类不同的商品。下面来完成访问者的具体实现类，假设我们要实现一个日常优惠计价业务类，针对 3 类商品分别进行不同的折扣计价，请参看代码清单 22-6。

代码清单 22-6　折扣计价访问者 DiscountVisitor

```
1.  public class DiscountVisitor implements Visitor {
2.
3.      private LocalDate billDate;
4.
5.      public DiscountVisitor(LocalDate billDate) {
6.          this.billDate = billDate;
7.          System.out.println("结算日期: " + billDate);
8.      }
9.
10.     @Override
11.     public void visit(Candy candy) {
12.         System.out.println("=====糖果【" + candy.getName() + "】打折后价格=====");
13.         float rate = 0;
14.         long days = billDate.toEpochDay() - candy.getProducedDate().toEpochDay();
15.         if (days > 180) {
16.             System.out.println("超过半年的糖果，请勿食用！");
17.         } else {
18.             rate = 0.9f;
19.         }
20.         float discountPrice = candy.getPrice() * rate;
21.         System.out.println(NumberFormat.getCurrencyInstance().format(discountPrice));
22.     }
23.
24.     @Override
25.     public void visit(Wine wine) {
26.         System.out.println("=====酒【" + wine.getName() + "】无折扣价格=====");
27.         System.out.println(
28.             NumberFormat.getCurrencyInstance().format(wine.getPrice())
29.         );
30.     }
31.
32.     @Override
33.     public void visit(Fruit fruit) {
34.         System.out.println("=====水果【" + fruit.getName() + "】打折后价格=====");
35.         float rate = 0;
36.         long days = billDate.toEpochDay() - fruit.getProducedDate().toEpochDay();
37.         if (days > 7) {
38.             System.out.println("￥0.00元（超过7天的水果，请勿食用！）");
39.         } else if (days > 3) {
40.             rate = 0.5f;
41.         } else {
42.             rate = 1;
43.         }
44.         float discountPrice = fruit.getPrice() * fruit.getWeight() * rate;
45.         System.out.println(NumberFormat.getCurrencyInstance().format(discountPrice));
46.     }
47.
48. }
```

如代码清单 22-6 所示，折扣计价访问者 DiscountVisitor 实现了访问者接口 Visitor，在第 11 行的糖果计价方法 visit(Candy candy) 中，我们对超过半年的糖果不予出

售，否则按九折计价；因为酒不存在过期限制，所以我们在第 25 行的酒计价方法
visit(Wine wine) 中直接按其原价出售；最后在第 33 行的水果计价方法 visit(Fruit fruit)
中，我们规定水果的有效期为 7 天，如果只经过 3 天则按半价出售，并且在第 44 行
按斤计价。

　　虽然计价方法略显复杂，但读者不必过度关注此处的方法实现，我们只需要清
楚一点：折扣计价访问者的 3 个重载方法分别实现了 3 类商品的计价方法，展现出
访问方法 visit() 的多态性。一切就绪，顾客可以开始购物了，请参看代码清单 22-7
客户端类。

代码清单 22-7　客户端类 Client

```
1.   public class Client {
2.
3.       public static void main(String[] args) {
4.           // 小兔奶糖，生产日期：2019-10-1，原价：￥20.00
5.           Candy candy = new Candy("小兔奶糖", LocalDate.of(2019, 10, 1), 20.00f);
6.           Visitor discountVisitor = new DiscountVisitor(LocalDate.of(2020, 1, 1));
7.           discountVisitor.visit(candy);
8.           /*输出：
9.               结算日期：2020-01-01
10.              =====糖果【小兔奶糖】打折后价格=====
11.              ￥18.00
12.           */
13.      }
14.
15.  }
```

　　如代码清单 22-7 所示，顾客买了一包奶糖并交给收银员进行计价结算，最
终于第 8 行输出最终价格。输出结果显示糖果价格成功按九折计价，显然访问者
能够顺利识别传入的参数是糖果类商品，并成功派发了相应的糖果计价方法 visit
(Candy candy)。当然，重载方法责有所归，其他商品类也同样适用于这种自动派
发机制。

22.3　泛型购物车

　　至此，我们已经利用访问者的重载方法实现了计价方法的自动派发机制，难道这
就是访问者模式吗？其实并非如此简单。通常顾客去超市购物不会只购买一件商品，
尤其是当超市举办更大力度的商品优惠活动时，如图 22-3 所示，顾客们会将打折的
商品一并加入购物车，结账时一起计价。

　　如图 22-3 所示，针对这种特殊时期的计价方法也不难，只需要另外实现一个"优
惠活动计价访问者类"就可以了。值得深思的是，访问者的重载方法只能对单个"具

体"商品类进行计价，当顾客推着装有多件商品的购物车来结账时，"含糊不清"的
"泛型"商品可能会引起重载方法的派发问题。实践出真知，我们用之前的访问者来
做一个清空购物车的实验，请参看代码清单 22-8。

图 22-3　超市优惠活动

代码清单 22-8　客户端类 Client

```
1.  public class Client {
2.
3.     public static void main(String[] args) {
4.         // 将3件商品加入购物车
5.         List<Product> products = Arrays.asList(
6.             new Candy("小兔奶糖", LocalDate.of(2018, 10, 1), 20.00f),
7.             new Wine("老猫白酒", LocalDate.of(2017, 1, 1), 1000.00f),
8.             new Fruit("草莓", LocalDate.of(2018, 12, 26), 10.00f, 2.5f)
9.         );
10.
11.        Visitor discountVisitor = new DiscountVisitor(LocalDate.of(2018, 1, 1));
12.        // 迭代购物车中的商品
13.        for (Product product : products) {
14.            discountVisitor.visit(product);// 此处会报错
15.        }
16.     }
17.
18.  }
```

如代码清单 22-8 所示，顾客首先在第 5 行将 3 件商品加入了用 List<Product> 模
拟的购物车中，其商品类泛型 <Product> 并没有声明确切的商品类别。接着，访问者
在第 13 行迭代购物车中的每件商品并进行轮流计价，不幸的是，foreach 循环只能用
抽象商品类 Product 进行承接，可以看到此时在第 14 行引发的编译错误。重载方法自

动派发不能再正常工作了，这是由于编译器对泛型化的商品类 Product 茫然无措，分不清到底是糖果还是酒，所以也就无法确定应该调用哪个重载方法了。

　　既然无法使用购物车将商品"混为一谈"（泛型化），那么需要顾客手动将同类商品分拣在一起，分别用 3 个购物车（如 List<Candy>、List<Wine> 和 List<Fruit>）去收银处结算吗？这太麻烦了，无法实现。因此，如何解决访问者对泛型化的商品类的自动识别、分拣是当下最关键的问题。

> **提示**
>
> 　　很多读者可能会有这样的疑问：编译器为何会禁止此行代码的编译？难道 JVM 不能在运行时根据对象类型动态地派发给对应的重载方法吗？试想，如果我们给购物车里新加了一个蔬菜类 Vegetable，但没有在 Visitor 里加入其重载方法 visit(Vegetable vegetable)，那么运行时到底应该派发给哪个重载方法呢？运行时出错岂不是更糟糕？这就是编译器会提前报错，以避免更严重问题的原因。

22.4　访问与接待

　　超市购物例程在接近尾声时却出了编译问题，我们来重新整理一下思路。当前这种状况类似于交警（访问者）对车辆（商品）进行的违法排查工作。例如有些司机的驾照可能过期了，有些司机存在持 C 类驾照开大车等情况。由于交警并不清楚每个司机驾照的具体状况（泛型），因此这时就需要司机主动接受排查并出示自己的驾照，这样交警便能针对每种驾照状况做出相应的处理了。基于这种"主动亮明身份"的理念，我们对系统进行重构，之前定义的商品模块就需要作为"接待者"主动告知"访问者"自己的身份，所以它们要一定拥有"接待排查"的能力。我们定义一个接待者接口来统一这个行为标准，请参看代码清单 22-9。

代码清单 22-9　接待者接口 Acceptable

```
1.  public interface Acceptable {
2.      // 主动接待访问者
3.      public void accept(Visitor visitor);
4.
5.  }
```

　　如代码清单 22-9 所示，接待者接口 Acceptable 只定义了一个接待方法 accept(Visitor

visitor)，其入参 Visitor 声明凡是以"访问者"身份造访的都予以接待。接下来我们重构糖果类并实现 Acceptable 接口，请参看代码清单 22-10。

代码清单 22-10　糖果类 Candy

```
1.  public class Candy extends Product implements Acceptable{
2.
3.      public Candy(String name, LocalDate producedDate, float price) {
4.          super(name, producedDate, price);
5.      }
6.
7.      @Override
8.      public void accept(Visitor visitor) {
9.          visitor.visit(this);// 把自己交给访问者
10.     }
11.
12. }
```

如代码清单 22-10 所示，糖果类 Candy 实现接待者接口 Acceptable，顺理成章地成为了"接待者"，并在第 9 行主动把自己（this）交给了访问者以亮明身份。注意此处的"this"明确了自己的身份属于糖果类 Candy 实例，而绝非任何泛型类。当然，其他商品类也以此类推，请读者自己完成代码。我们这样绕来绕去到底能否达到目的呢？不要着急，这里会涉及"双派发"（double dispatch）的概念。我们先来实践一下看看到底能否通过编译，请参看代码清单 22-11。

代码清单 22-11　客户端类 Client

```
1.  public class Client {
2.
3.      public static void main(String[] args) {
4.          // 3件商品加入购物车
5.          List<Acceptable> products = Arrays.asList(
6.              new Candy("小兔奶糖", LocalDate.of(2018, 10, 1), 20.00f),
7.              new Wine("老猫白酒", LocalDate.of(2017, 1, 1), 1000.00f),
8.              new Fruit("草莓", LocalDate.of(2018, 12, 26), 10.00f, 2.5f)
9.          );
10.
11.         Visitor discountVisitor = new DiscountVisitor(LocalDate.of(2019, 1, 1));
12.         // 迭代购物车中的商品
13.         for (Acceptable product : products) {
14.             product.accept(discountVisitor);
15.         }
16.
17.         /*输出:
18.         结算日期: 2019-01-01
19.         =====糖果【小兔奶糖】打折后价格=====
20.         ¥18.00
21.         =====酒品【老猫白酒】无折扣价格=====
22.         ¥1,000.00
```

```
23.          =====水果【草莓】打折后价格=====
24.          ￥12.50
25.       */
26.    }
27.
28. }
```

如代码清单 22-11 所示，客户端代码改动并不大，第 5 行的购物车只是将之前的商品类泛型 <Product> 换成了接待者泛型 <Acceptable>，也就是说，所有商品都能够作为"接待者"接受排查了（类似于为每件商品贴上条码）。同样，在第 13 行的购物车商品迭代中，我们也以 Acceptable 来承接每件商品，并在第 14 行让这些商品对象主动地去"接待"访问者（discountVisitor），这样一来编译错误就消失了，第 17 行的输出结果显示一切正常，糖果对象被成功"派发"到了重载方法 visit(Candy candy) 中。简单来讲，因为重载方法不允许将泛型对象作为入参，所以我们先让接待者将访问者"派发"到自己的接待方法中，要访问先接待，然后再将自己（此时 this 已经是确切的对象类型了）"派发"回给访问者，告知自己的身份。这时访问者也明确知道应该调用哪个重载方法了，2 次派发成功地化解了重载方法与泛型间的矛盾。

至此，超市再也不必为复杂多变的计价方式或者业务逻辑而发愁了，只需要像填表格一样为每类商品添加计价方法就可以了。例如超市为迎接六一儿童节举办打折活动，我们便可以添加新的访问者类，增加对糖果类、玩具类的打折力度，接入系统即可生效。

22.5　数据与算法

访问者模式成功地将数据资源（需实现接待者接口）与数据算法（需实现访问者接口）分离开来。重载方法的使用让多样化的算法自成体系，多态化的访问者接口保证了系统算法的可扩展性，而数据则保持相对固定，最终形成一个算法类对应一套数据。此外，利用双派发确保了访问者对泛型数据元素的识别与算法匹配，使数据集合的迭代与数据元素的自动分拣成为可能。最后，我们来看访问者模式的类结构，如图 22-4 所示。

访问者模式的各角色定义如下。

- Element（元素接口）：被访问的数据元素接口，定义一个可以接待访问者的行为标准，且所有数据封装类需实现此接口，通常作为泛型并被包含在对象容器中。对应本章例程中的接待者接口 Acceptable。
- ConcreteElement（元素实现）：具体数据元素实现类，可以有多个实现，并且相对固定。其 accept 实现方法中调用访问者并将自己"this"传回。对应本章例程中的糖果类 Candy、酒类 Wine 和水果类 Fruit。

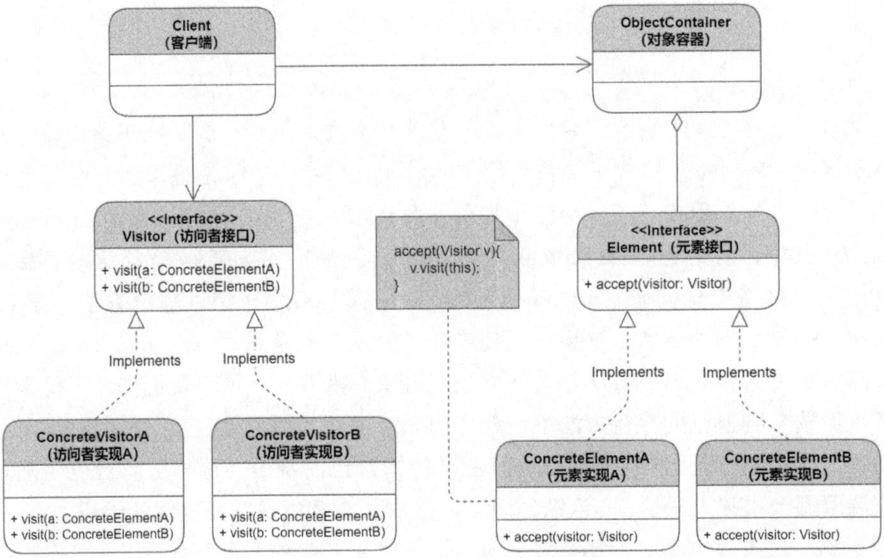

图 22-4 访问者模式的类结构

■ ObjectContainer（对象容器）：包含所有可被访问的数据对象的容器，可以提供数据对象的迭代功能，可以是任意类型的数据结构。对应本章例程中定义为 List< Acceptable> 类型的购物车。

■ Visitor（访问者接口）：可以是接口或者抽象类，定义了一系列访问操作方法以处理所有数据元素，通常为同名的访问方法，并以数据元素类作为入参来确定哪个重载方法被调用。

■ ConcreteVisitor（访问者实现）：访问者接口的实现类，可以有多个实现，每个访问者类都需实现所有数据元素类型的访问重载方法，对应本章例程中的各种打折方法计价类，如折扣计价访问者 DiscountVisitor。

■ Client（客户端类）：使用容器并初始化其中各类数据元素，并选择合适的访问者处理容器中的所有数据对象。

总之，访问者模式的核心在于对重载方法与双派发方式的利用，这是实现数据算法自动响应机制的关键所在。而对于其优秀算法的扩展是建立在稳定的数据基础之上的，对于数据多变的情况，我们就得对系统大动干戈了，所有的访问者重载方法都要被修改一遍，所以读者需要特别注意，对于这种情况并不推荐使用访问者模式。

| 第 23 章 | 观察者

　　察言观色、思考分析一直是人类认识客观事物的重要途径。观察行为通常是一种为了对目标状态变化做出及时响应而采取的监控及调查活动。观察者模式（Observer）可以针对被观察对象与观察者对象之间一对多的依赖关系建立起一种行为自动触发机制，当被观察对象状态发生变化时主动对外发起广播，以通知所有观察者做出响应。

　　观察者往往眼观六路，耳听八方，随时监控着被观察对象的一举一动。作为主动方的观察者对象必须与被观察对象建立依赖关系，以获得其最新动态，例如记者与新闻、摄影师与景物、护士与病人、股民与股市等，以股民盯盘为例，如图 23-1 所示。

图 23-1　股民盯盘

　　对象属性是反映对象状态的重要特征。如图 23-1 所示，为了能在股市中获利，股民们时刻关注着股市的风吹草动，其正类似于捉摸不定的数据对象状态。为了实现状态即时同步的目的，对象间就得建立合适的依赖关系与通告机制，而不是像股民那样，每个人都必须持续监控股市动态，除此之外不做其他任何事情，所以如何设计对象间的交互方式决定着软件运行效率的高低。

23.1　观察者很忙

　　对于上面提到的股民盯盘的例子，我们发现观察者（股民）忙得不可开交，但大部分时间里都是在做无用功。当目标的状态在没有发生变化的情况下，观察者依旧在进行观察，交互效率非常低，这正类似于利用 HTTP 协议对服务器对象状态发起的轮询操作（Polling），如图 23-2 所示。

　　由于 HTTP 无状态连接协议的特性，服务端无法主动推送（Push）消息给 Web 客户端，因此我们常常会用到轮询策略，也就是持续轮番询问服务端状态有无更新。然而当访问高峰期来临时，成千上万的客户端（观察者）轮询会让服务端（被观察者）

不堪重负，最终造成服务端瘫痪。

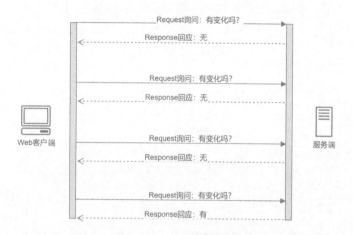

图 23-2　HTTP 轮询操作

这种方式的问题是，不但观察者很忙，而且被观察者很累，我们用代码实例来模拟这种状况。假设某件商品（如最新款旗舰手机）供不应求，长期处于脱销的状态，所以大家都在持续关注商店的进货状况，询问商家是否有货。首先我们从商店类开始，请参看代码清单 23-1。

代码清单 23-1　商店类 Shop

```
1.  public class Shop {
2.
3.      private String product;//商品
4.      //初始商店无货
5.      public Shop() {
6.          this.product = "无商品";
7.      }
8.      //商店出货
9.      public String getProduct() {
10.         return product;
11.     }
12.     //商店进货
13.     public void setProduct(String product) {
14.         this.product = product;
15.     }
16.
17. }
```

如代码清单 23-1 所示，商店类 Shop 在第 3 行以一个简单的 String 变量来模拟商品库存，并且在第 5 行的构造方法中对其进行初始化，表示开业之初为无货状态。接着我们在第 9 行和第 13 行分别定义了出货方法 getProduct() 和进货方法 setProduct()。

商店类其实就是一个 POJO 类，此处主要作为被观察的目标主题。接下来我们来定义扮演观察者角色的买家类，请参看代码清单 23-2。

代码清单 23-2　买家类 Buyer

```
1.  public class Buyer {
2.
3.      private String name;// 买家姓名
4.      private Shop shop;// 商店引用
5.
6.      public Buyer(String name, Shop shop) {
7.          this.name = name;
8.          this.shop = shop;
9.      }
10.
11.     public void buy() {
12.         // 买家购买商品
13.         System.out.print(name + "购买：");
14.         System.out.println(shop.getProduct());
15.     }
16.
17. }
```

如代码清单 23-2 所示，买家类 Buyer 不但有自己的姓名，还在第 4 行持有商店对象的引用，并在第 6 行的构造方法中对其进行初始化。既然是买家，就一定得有购买行为，我们在第 11 行的购买方法 buy() 中调用商店的出货方法来获取商品，以此来模拟对商店货品状态的观察。最后我们来定义客户端类，模拟买家与商店间的互动，请参看代码清单 23-3。

代码清单 23-3　客户端类 Client

```
1.  public class Client {
2.
3.      public static void main(String[] args) {
4.          Shop shop = new Shop();
5.          Buyer shaSir = new Buyer("悟净", shop);
6.          Buyer baJee = new Buyer("八戒", shop);
7.
8.          //八戒和悟净轮番抢购
9.          baJee.buy();// 八戒购买：无商品
10.         shaSir.buy();// 悟净购买：无商品
11.         baJee.buy();// 八戒购买：无商品
12.         shaSir.buy();// 悟净购买：无商品
13.
14.         // 玄奘也加入了购买行列
15.         Buyer tangSir = new Buyer("玄奘", shop);
16.         tangSir.buy();// 玄奘购买：无商品
17.
18.         // 师徒3人继续抢购
19.         baJee.buy();// 八戒购买：无商品
```

```
20.        shaSir.buy();// 悟净购买：无商品
21.        tangSir.buy();// 玄奘购买：无商品
22.
23.        // 商店终于进货了，被悟空抢到了
24.        shop.setProduct("最新旗舰手机");
25.        Buyer wuKong = new Buyer("悟空", shop);
26.        wuKong.buy();// 悟空购买：最新旗舰手机
27.
28.        // 此后抢购也许还在继续……
29.    }
30.
31. }
```

如代码清单 23-3 所示，买家的疯狂抢购活动一直在持续进行，然而商店一直处于无货状态，前三位买家挤破头也一无所获。"功夫不负有心人"，最后一位买家在第 26 行胜出，原因是此前商店在第 24 行刚好进货，此时造成的状态更新恰巧被最后一位买家观察到。然而，故事发展到这里也许并没有结束，前三位买家或许依旧在继续他们的抢购行为，买家大量的精力被这种糟糕的软件设计耗费了。

23.2　反客为主

相信大家也发现了这种以观察者为主动方的设计缺陷，大量无用功被消耗在状态交互上。我们不如反其道而行，与其让买家们无休止地询问，不如在到货时让商店主动通知买家前来购买。这种设计正类似于 Websocket 协议的交互方式，与 23.1 节中 HTTP 的轮询方式恰恰相反，它允许服务端主动推送消息给客户端，如图 23-3 所示。

图 23-3　Websocket 服务端推送

这种反客为主的设计只需要一次握手协议并建立连接通道即可完成，之后发生的状态更新完全可以由服务端（被观察者）向 Web 客户端（观察者）进行消息推送的方式完成，这时就不会再有频繁轮询的情况发生了，交互效率问题迎刃而解。基于这种设计思想我们对之前的代码进行重构，首先从商店类 Shop 开始，请参看代码清单 23-4。

代码清单 23-4　商店类 Shop

```
1.  public class Shop {
2.
3.      private String product;
4.      private List<Buyer> buyers;// 预订清单
5.
6.      public Shop() {
7.          this.product = "无商品";
8.          this.buyers = new ArrayList<>();
9.      }
10.
11.     // 注册买家到预订清单中
12.     public void register(Buyer buyer) {
13.         this.buyers.add(buyer);
14.     }
15.
16.     public String getProduct() {
17.         return product;
18.     }
19.
20.     public void setProduct(String product) {
21.         this.product = product;// 到货了
22.         notifyBuyers();// 到货后通知买家
23.     }
24.
25.     // 通知所有注册买家
26.     public void notifyBuyers() {
27.         buyers.stream().forEach(b -> b.inform(this.getProduct()));
28.     }
29. }
```

如代码清单 23-4 所示，商店类 Shop 在第 4 行以 List<Buyer> 类型定义了一个买家预订清单，里面记录着所有预订商品的买家，并在第 12 行提供商品预订的注册方法 register()，所有关注商品的买家都可以调用这个方法进行预订注册，加入买家预订清单。在商品到货后，商店在第 22 行主动通知买家，调用通知方法 notifyBuyers()，进一步至第 27 行对所有预订买家进行迭代，并依次调用买家的 inform() 方法将商品传递过去即可。此处假设商品不限量，我们就不做过多的细节展开了，请读者自行增强。可以看到，对于买家必须要拥有方法 inform()，这也是对各类买家的行为规范。基于此，我们对买家类进行抽象重构，这里我们用抽象类来定义买家类 Buyer，请参看代码清单 23-5。

代码清单 23-5　买家类 Buyer

```
1.  public abstract class Buyer {
2.
3.     protected String name;
4.
5.     public Buyer(String name) {
6.        this.name = name;
7.     }
8.
9.     public abstract void inform(String product);
10.
11. }
```

如代码清单 23-5 所示，买家类 Buyer 非常简单，其中第 9 行的抽象方法 inform()
只定义了一种规范，具体实现留给子类去完成，也就是说，买家在接到状态更新的通
知后可根据自己的业务进行响应。接着我们来看看有哪些子类买家，首先假设有手机
买家，请参看代码清单 23-6。

代码清单 23-6　手机买家类 PhoneFans

```
1.  public class PhoneFans extends Buyer {
2.
3.     public PhoneFans(String name) {
4.        super(name);//调用父类构造
5.     }
6.
7.     @Override
8.     public void inform(String product) {
9.        if(product.contains("手机")){//此买家只购买手机
10.          System.out.print(name);
11.          System.out.println("购买:" + product);
12.       }
13.    }
14.
15. }
```

如代码清单 23-6 所示，手机买家 PhoneFans 在第 3 行的构造方法中调用父类构
造方法，并初始化了买家姓名。因为手机买家只关注手机，所以在接到到货通知时，
在第 8 行的 inform() 方法实现中进行了商品的过滤，很明显这类买家只购买手机。接
下来我们完成另一类海淘买家的实现，请参看代码清单 23-7。

代码清单 23-7　海淘买家类 HandChopper

```
1.  public class HandChopper extends Buyer {
2.
3.     public HandChopper(String name) {
```

```
4.        super(name);
5.    }
6.
7.    @Override
8.    public void inform() {
9.        System.out.print(name);
10.       System.out.println("购买:" + product);
11.   }
12.
13. }
```

如代码清单 23-7 所示，海淘买家与手机买家所实现的 inform() 方法有所不同，对任何商品他们都来者不拒，只要有货必然购买。至此，我们对观察者模式的重构基本完成，买家不再持有商店的引用，而是让商店来维护买家的引用。最后我们来看客户端如何组织开展业务，请参看代码清单 23-8。

代码清单 23-8　客户端类 Client

```
1.  public class Client {
2.
3.      public static void main(String[] args) {
4.          Buyer tangSir = new PhoneFans("手机粉");
5.          Buyer barJee = new HandChopper("剁手族");
6.          Shop shop = new Shop();
7.
8.          //预订注册
9.          shop.register(tangSir);
10.         shop.register(barJee);
11.
12.         //商品到货
13.         shop.setProduct("猪肉炖粉条");
14.         shop.setProduct("橘子手机");
15.
16.         /*输出结果
17.             剁手族购买: 猪肉炖粉条
18.             果粉购买: 橘子手机
19.             剁手族购买: 橘子手机
20.          */
21.     }
22.
23. }
```

如代码清单 23-8 所示，客户端在第 4 行开始对买家及商店进行实例化，接着从第 9 行开始调用商店的注册方法 register()，并对两位买家进行了预订注册。代码到这里，一对多的状态响应机制就已经建立起来了。最后我们来验证买家是否能收到通知，可以看到第 13 行商店到货并调用了方法 setProduct()，输出结果显示两位买家都收到了通知，并购买了自己心仪的商品，此后再也看不到买家们终日徘徊于店门之外苦苦等待的身影了，高效的通知和响应机制解除了观察者的烦恼。当然，我们还可以进一步对被商店类进行抽象实现目标主题的多态化。读者可以自行实现，但需要注意切勿过度设计，一切应以需求为导向。

23.3　订阅与发布

现实中的观察者（Observer）往往是主动方，这是由于目标主题（Subject）缺乏主观能动性造成的，其状态的更新并不能主动地通知观察者，这就造成观察行为的持续往复。而在软件设计中我们可以将目标主题作为主动方角色，将观察者反转为被动方角色，建立反向驱动式的消息响应机制，以此来避免做无用功，优化软件效率，请参看观察者模式的类结构，如图 23-4 所示。

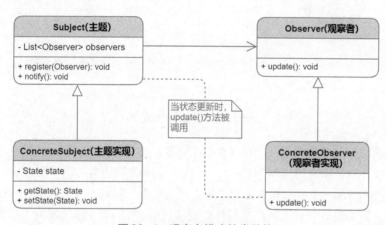

图 23-4　观察者模式的类结构

观察者模式的各角色定义如下。

- Subject（目标主题）：被观察的目标主题的接口抽象，维护观察者对象列表，并定义注册方法 register()（订阅）与通知方法 notify()（发布）。对应本章例程中的商店类 Shop。
- ConcreteSubject（主题实现）：被观察的目标主题的具体实现类，持有一个属性状态 State，可以有多种实现。对应本章例程中的商店类 Shop。
- Observer（观察者）：观察者的接口抽象，定义响应方法 update()。对应本章例程中的买家类 Buyer。
- ConcreteObserver（观察者实现）：观察者的具体实现类，可以有任意多个子类实现。实现了响应方法 update()，收到通知后进行自己独特的处理。对应本章例程中的手机买家类 PhoneFans、海淘买家类 HandChopper。

　　作为一种发布 / 订阅（publish/subscribe）式模型，观察者模式被大量应用于具有一对多关系对象结构的场景，它支持多个观察者订阅一个目标主题。一旦目标主题的状态发生变化，目标对象便主动进行广播，即刻对所有订阅者（观察者）发布全员消息通知，如图 23-5 所示。

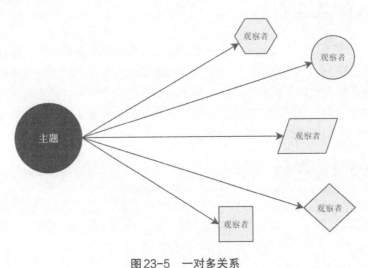

图 23-5　一对多关系

　　基于这种一对多的关系网，观察者模式以多态化（泛型化）的方式弱化了目标主题与观察者之间强耦合的依赖关系，标准化它们的消息交互接口，并让主客关系发生反转，以"单方驱动全局"模式取代"多方持续轮询"模式，使目标主题（单方）的任何状态更新都能被即刻通过广播的形式通知观察者们（多方），解决了状态同步知悉的效率问题。

| 第 24 章 | 解释器

　　解释有拆解、释义的意思，一般可以理解为针对某段文字，按照其语言的特定语法进行解析，再以另一种表达形式表达出来，以达到人们能够理解的目的。类似地，解释器模式（Interpreter）会针对某种语言并基于其语法特征创建一系列的表达式类（包括终极表达式与非终极表达式），利用树结构模式将表达式对象组装起来，最终将其翻译成计算机能够识别并执行的语义树。例如结构型数据库对查询语言 SQL 的解析，浏览器对 HTML 语言的解析，以及操作系统 Shell 对命令的解析。不同的语言有着不同的语法和翻译方式，这都依靠解释器完成。

　　以最常见的 Java 编程语言为例。当我们以人类能够理解的语言完成了一段程序并命名为 Hello.java 后，经过调用编译器会生成 Hello.class 的字节码文件，执行的时候则会加载此文件到内存并进行解释、执行，最终被解释的机器码才是计算机可以理解并执行的指令格式，如图 24-1 所示。从 Java 语言到机器语言，这个跨越语言鸿沟的翻译步骤必须由解释器来完成，这便是其存在的意义。

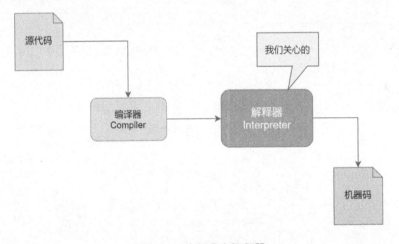

图24-1　编程语言解释器

24.1　语言与表达式

　　要进行解释翻译工作，必须先研究语法。以人类的语言为例，假如我们要进行英文翻译工作，首先要将句子理解为"非终极表达式"，对它进行拆分，直到单词为止，此时我们可以将单词理解为"终极表达式"。举个具体的例子，我们对英语句子"I like you."（非终极表达式）进行拆分，按空格分割为单词"I""like""you"（终极表达式），然后将每个单词翻译后，再按顺序合并为"我喜欢你"。虽然我们得到了正确的翻译结果，但这种简单的规则也存在例外，例如对句子"How are you?"按照这个规则翻译出来就是"怎么是你？"，这显然不对了。

如图 24-2 所示，机械式的逐字解释往往会造成很多错误与尴尬。所以对于"How are you?"这个表达式就不能再继续拆分了，我们可以将整个句子作为不可拆分的终极表达式，这样就能得到正确的翻译结果"你好吗？"。当然，这只是一个简单的例子而已，真正的语言翻译绝非易事，但至少我们通过思考与讨论搞明白了语言与表达式的关系，以及终极表达式与非终极表达式的区别和它们之间互相包含的结构特征。

图 24-2　机械式翻译

与此类似，编程语言也是由各种各样的表达式组合起来的树形结构，也就是说一个表达式又可以包含多个子表达式。例如在我们定义变量时会写作"int a;"或者"int a = 1;"，这二者显然是有区别的，后者不但包括前者的"变量定义"操作，而且还多了一步"变量赋值"操作，所以我们可以认为它是"非终极表达式"；而前者则可被视为原子操作，也就是说它是不可再拆分的"终极表达式"。

24.2　语义树

为了更好地帮助大家理解解释器模式，我们首先发明一种脚本语言，以此开始我们的实战环节。众所周知，网络游戏玩家经常会花费大量的时间来打怪升级，过程漫长而且伤害身体，所以我们研发了一款辅助程序 —— "滑鼠精灵"，利用它来直接发送指令给鼠标，从而驱动鼠标来实现单击、移动等操作，实现游戏人物自动打怪升级，以此解放玩家的双手。

既然玩家无须亲自操作鼠标，那么我们就需要一段脚本来告诉"滑鼠精灵"如何进行鼠标操作，于是我们按照玩家的操作习惯编写了一段驱动鼠标的脚本，请参看代码清单 24-1。

代码清单 24-1　滑鼠精灵脚本 MouseScript

```
1.  BEGIN                // 脚本开始
2.  MOVE 500,600;        // 鼠标指针移动到坐标 (500, 600)
```

```
3.      BEGIN LOOP 5        // 开始循环5次
4.          LEFT_CLICK;     // 循环体内单击左键
5.          DELAY 1;        // 每次延迟1秒
6.      END;                // 循环体结束
7.  RIGHT_DOWN;             // 按下右键
8.  DELAY 7200;             // 延迟2小时
9.  END;                    // 脚本结束
```

　　如代码清单 24-1 所示，注意每行的脚本注释，玩家首先让鼠标指针移动到地图的某个坐标点上；然后循环单击 5 次鼠标，每次延迟 1 秒，引导游戏人物到达刷怪地点；最后按下右键不放，连续释放技能，直到挂机 2 小时后结束。这样脚本就完成了打怪升级的全自动化操作。

　　基于这个良好的开端，我们可以针对这个脚本进行语法分析了。首先我们要注意第 3 行的循环指令 BEGIN LOOP，它是可以包含任意其他子指令的指令集，所以它是非终极表达式。接下来第 4 行的单击鼠标左键指令 LEFT_CLICK 也是非终极表达式，因为单击可以被拆分为"按下"与"松开"两个连续的指令动作。除此之外，其他的指令都应该是不可以再拆分的指令了，也就是说它们都是终极表达式。按照这个分析结果，我们可以得出表达式的树形结构，请参看图 24-3。

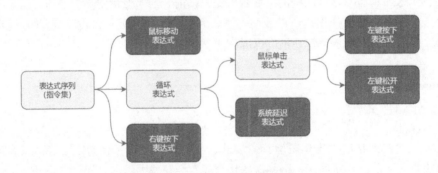

图24-3　表达式的树形结构

　　如图 24-3 所示，表达式的树形结构最左端的起始点"表达式序列"是树的根节点，它可以包含任何子表达式。接着向右延伸，节点开始分为 3 个分支步骤，其中第一步的"鼠标移动表达式"与第三步的"右键按下表达式"都是执行鼠标动作的原子指令，所以它们在这里位于树末端的叶节点；而第二步的"循环表达式"则包含一个子表达式序列，所以它位于枝节点上。以此类推，我们可以看到枝节点"鼠标单击表达式"和叶节点"系统延迟表达式"，最终以"鼠标单击表达式"延伸出的"左键按下表达式"与"左键松开表达式"收尾。

　　经过分析，我们可以得出以下结论，图中浅色的根节点与枝节点都是"非终极表达式"，而深色的叶节点则是"终极表达式"，并且前者不但可以包含后者，还可以包含自己。究其本质，任何脚本都是由表达式组合起来的一棵语义树，通过这棵"树"，每个指令间的结构关系一目了然。

> **注意**
>
> 　　有没有感觉到这个语义树结构似曾相识？没错，这就是本书第 8 章的"组合模式"，我们正是利用了"组合模式"的结构模型构建了语义树（Syntax Tree）以完成语言翻译工作。当然，组合模式强调的是数据组合的结构，而本章主要关注的是解释行为的抽象与多态。

24.3　接口与终极表达式

　　经过 24.2 节对"滑鼠精灵"脚本中每个表达式的拆分，我们就可以对表达式进行建模了。无论是"终极表达式"还是"非终极表达式"，都是表达式，所以我们应该定义一个表达式接口，对所有表达式进行行为抽象，请参看代码清单 24-2。

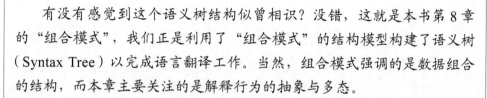

```
1.  public interface Expression {
2.
3.      public void interpret();
4.
5.  }
```

　　如代码清单 24-2 所示，表达式可以将文字解释成对应的指令，所以表达式接口 Expression（解释器接口）在第 3 行定义了表达式的解释方法 interpret()，以提供给所有表达式一个统一的接口标准。注意，此处我们使用了接口，当然读者也可以使用抽象类来定义，具体情况还需具体分析。

　　既然表达式接口标准已经确立，那么我们就从最基本的原子操作（终极表达式）开始定义实现类。它们依次是鼠标移动表达式 Move、鼠标左键按下表达式 LeftKeyDown、鼠标左键松开表达式 LeftKeyUp（右键对应的表达式与此类似，读者可自己实现），以及延迟表达式 Delay，请分别参看代码清单 24-3、代码清单 24-4、代码清单 24-5、代码清单 24-6。

代码清单 24-3　鼠标移动表达式 Move

```
1.  public class Move implements Expression {
2.     // 鼠标指针位置坐标
3.     private int x, y;
4.
5.     public Move(int x, int y) {
6.         this.x = x;
7.         this.y = y;
8.     }
9.
10.    public void interpret() {
11.        System.out.println("移动鼠标:【" + x + "," + y + "】");
12.    }
13.
14. }
```

代码清单 24-4　鼠标左键按下表达式 LeftKeyDown

```
1.  public class LeftKeyDown implements Expression {
2.
3.     public void interpret() {
4.         System.out.println("按下鼠标:左键");
5.     }
6.
7.  }
```

代码清单 24-5　鼠标左键松开表达式 LeftKeyUp

```
1.  public class LeftKeyUp implements Expression {
2.
3.     public void interpret() {
4.         System.out.println("松开鼠标:左键");
5.     }
6.
7.  }
```

代码清单 24-6　延迟表达式 Delay

```
1.  public class Delay implements Expression {
2.
3.     private int seconds;// 延迟秒数
4.
5.     public Delay(int seconds) {
6.         this.seconds = seconds;
7.     }
8.
9.     public int getSeconds() {
10.        return seconds;
11.    }
12.
13.    public void interpret() {
```

```
14.          System.out.println("系统延迟: " + seconds + "秒");
15.          try {
16.              Thread.sleep(seconds * 1000);
17.          } catch (InterruptedException e) {
18.              e.printStackTrace();
19.          }
20.      }
21.
22. }
```

如代码清单 24-3、代码清单 24-4、代码清单 24-5、代码清单 24-6 所示，所有终极表达式都实现了解释方法 interpret()，并进行了自己特有的指令解释操作（以输出模拟）。其中比较特殊的是延迟表达式 Delay，它能基于构造器传入的时间长度使当前进程暂停，以模拟系统操作线程的延迟功能。

24.4 非终极表达式

所有终极表达式至此完成，我们将它们按一定顺序组合起来就是非终极表达式了。例如鼠标左键单击操作一定是由"按下左键"及"松开左键"两个原子操作组合而成，所以左键单击表达式应该包含鼠标左键按下表达式与鼠标左键松开表达式两个子表达式，请参看代码清单 24-7。

代码清单 24-7　左键单击表达式 LeftKeyClick

```
1.  public class LeftKeyClick implements Expression {
2.
3.      private Expression leftKeyDown;
4.      private Expression leftKeyUp;
5.
6.      public LeftKeyClick() {
7.          this.leftKeyDown = new LeftKeyDown();
8.          this.leftKeyUp = new LeftKeyUp();
9.      }
10.
11.     public void interpret() {
12.         //单击=先按下再松开，于是分别调用二者的解释方法即可
13.         leftKeyDown.interpret();
14.         leftKeyUp.interpret();
15.     }
16.
17. }
```

如代码清单 24-7 所示，因为单击这种操作不需要对外提供入参构造，所以左键单击表达式 LeftKeyClick 在第 6 行的构造方法中主动实例化了"鼠标左键按下表达式"与"鼠标左键松开表达式"两个子表达式，并在第 11 行的解释方法 interpret() 中先后

调用它们的解释方法，使解释工作延续到子表达式里去。接下来，循环表达式相对复杂一些，我们需要知道的是循环次数，以及循环体内具体要解释的子表达式序列，请参看代码清单 24-8。

代码清单 24-8　循环表达式 Repetition

```
1.  public class Repetition implements Expression {
2.
3.      private int loopCount;// 循环次数
4.      private Expression loopBodySequence;// 循环体内的子表达式序列
5.
6.      public Repetition(Expression loopBodySequence, int loopCount) {
7.          this.loopBodySequence = loopBodySequence;
8.          this.loopCount = loopCount;
9.      }
10.
11.     public void interpret() {
12.         while (loopCount > 0) {
13.             loopBodySequence.interpret();
14.             loopCount--;
15.         }
16.     }
17.
18. }
```

如代码清单 24-8 所示，循环表达式 Repetition 在第 6 行的构造方法中接收入参并初始化了循环次数 loopCount 与循环体子表达式序列 loopBodySequence，接着在第 11 行的解释方法 interpret() 中对 loopBodySequence 的解释方法进行了 loopCount 次的循环调用。注意，此处并不关心 loopBodySequence 中还包含哪些子表达式，循环表达式负责的是迭代操作。此时读者可能对这个循环体表达式产生了一些疑惑，它到底是一个什么样的表达式类？让我们来揭开它的神秘面纱，请参看代码清单 24-9。

代码清单 24-9　表达式序列 Sequence

```
1.  public class Sequence implements Expression {
2.
3.      private List<Expression> expressions; // 表达式列表
4.
5.      public Sequence(List<Expression> expressions) {
6.          this.expressions = expressions;
7.      }
8.
9.      public void interpret() {
10.         expressions.forEach(exp -> exp.interpret());
11.     }
12.
13. }
```

我们知道，在一个循环体内有时会包含一系列的表达式，并且它们一定是有序的，这样才能确保逻辑正确性。如代码清单 24-9 所示，表达式序列 Sequence 同样实现了表达式接口。作为非终极表达式，我们在第 3 行定义了一个表达式列表 List<Expression>，以此保证多个子表达式的顺序，并在第 5 行的构造方法中将其传入，保证其灵活性。最后，我们在第 9 行的解释方法 interpret() 中，按顺序依次对所有子表达式进行了调用。至此，所有脚本中用到的表达式都已经定义完毕，我们可以开始组装和执行表达式了，请参看代码清单 24-10。

代码清单 24-10　客户端类 Client

```java
1.  public class Client {
2.
3.      public static void main(String[] args) {
4.          /*
5.           * BEGIN              // 脚本开始
6.           * MOVE 500,600;      // 鼠标指针移动到坐标(500, 600)
7.           *   BEGIN LOOP 5     // 开始循环5次
8.           *     LEFT_CLICK;    // 循环体内单击左键
9.           *     DELAY 1;       // 每次延迟1秒
10.          *   END;             // 循环体结束
11.          * RIGHT_DOWN;        // 按下右键
12.          * DELAY 7200;        // 延迟2小时
13.          * END;               // 脚本结束
14.          */
15.
16.          // 构造指令集语义树，实际情况会交给语法分析器（Evaluator or Parser）
17.          Expression sequence = new Sequence(Arrays.asList(
18.              new Move(500, 600),
19.              new Repetition(
20.                  new Sequence(
21.                      Arrays.asList(new LeftKeyClick(), new Delay(1))
22.                  ),
23.                  5 // 循环5次
24.              ),
25.              new RightKeyDown(),
26.              new Delay(7200)
27.          ));
28.
29.          sequence.interpret();
30.          /*输出
31.              移动鼠标:【500,600】
32.              按下鼠标: 左键
33.              松开鼠标: 左键
34.              系统延迟: 1秒
35.              按下鼠标: 左键
36.              松开鼠标: 左键
37.              系统延迟: 1秒
38.              按下鼠标: 左键
39.              松开鼠标: 左键
40.              系统延迟: 1秒
41.              按下鼠标: 左键
```

```
42.              松开鼠标：左键
43.              系统延迟：1秒
44.              按下鼠标：左键
45.              松开鼠标：左键
46.              系统延迟：1秒
47.              按下鼠标：右键
48.              系统延迟：7200秒
49.         */
50.    }
51.
52. }
```

如代码清单 24-10 所示，基于"滑鼠精灵"的脚本，我们在第 17 行初始化了表达式语义树，接下来只需要调用其解释方法 interpret()，即可完成整个翻译工作。可以看到由第 30 行起的输出结果一切正常，脚本顺利被转换成了指令输出。需要注意的是，语义树的生成是由客户端完成的，其实我们完全可以再设计一个语法分析器（evaluator），它非常类似于编译器（compiler），以实现对各种脚本语言的自动化解析，并完成语义树的自动化生成。

终于，"滑鼠精灵"有了脚本解释的能力，并顺利驱动鼠标动作，自动帮我们完成打怪升级，玩家再也不必没日没夜地重复这些机械操作了。此外，如果后期需要更强大的功能，我们还可以定义新的表达式解释器，例如增加键盘指令的解释器，然后加入语义树便可轻松实现扩展。

24.5   语法规则

除了被应用于解释一些相对简单的语法规则，我们还可以利用解释器模式构建一套规则校验引擎，如将解释器接口换作 public boolean validate(String target)，并由各个实现类返回校验结果，类似于正则表达式的校验引擎。无论如何演变，解释器模式其实就是一种组合模式的特殊应用，它巧妙地利用了组合模式的数据结构，基于上下文生成表达式（解释器）组合起来的语义树，最终通过逐级递进解释完成上下文的解析。解释器模式的类结构与组合模式的类结构如出一辙，请参看解释器模式的类结构，如图 24-4 所示。

解释器模式的各角色定义如下。

■ AbstractExpression（抽象表达式）：定义解释器的标准接口 interpret()，所有终极表达式类与非终极表达式类均需实现此接口。对应本章例程中的表达式接口 Expression。

■ TerminalExpression（终极表达式）：抽象表达式接口的实现类，具有原子性、不可拆分性的表达式。对应本章例程中的鼠标移动表达式 Move、鼠标左键按下表达式 LeftKeyDown、鼠标左键松开表达式 LeftKeyUp、延迟表达式 Delay。

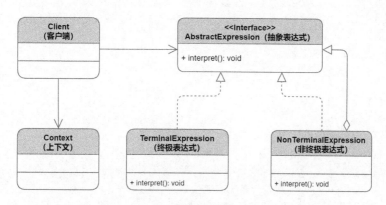

图24-4 解释器模式的类结构

- NonTerminalExpression（非终极表达式）：抽象表达式接口的实现类，包含一个或多个表达式接口引用，所以它所包含的子表达式可以是非终极表达式，也可以是终极表达式。对应本章例程中的左键单击表达式 LeftKeyClick、循环表达式 Repetition、表达式序列 Sequence。
- Context（上下文）：需要被解释的语言类，它包含符合解释器语法规则的具体语言。对应本例程中的滑鼠精灵脚本 MouseScript。
- Client（客户端）：根据语言的语法结构生成对应的表达式语法树，然后调用根表达式的解释方法得到结果。

语言终究是文字的组合，如句子可以被拆分为若干从句（子句），从句进一步又可被拆分为若干词、字，要解释语言就必须具备一套合理的拆分模式。解释器模式完美地对各种表达式进行拆分、抽象、关系化与多态化，定义出一个完备的语法构建框架，最终通过表达式的组装与递归调用完成对目标语言的解释。基于自相似性的树形结构构建的表达式模型使系统具备良好的代码易读性与可维护性，灵活多态的表达式也使系统的可扩展性得到全面提升。

| 第 25 章 | 终道

在面向对象的软件设计中,人们经常会遇到一些重复出现的问题。为降低软件模块的耦合性,提高软件的灵活性、兼容性、可复用性、可维护性与可扩展性,人们从宏观到微观对各种软件系统进行拆分、抽象、组装,确立模块间的交互关系,最终通过归纳、总结,将一些软件模式沉淀下来成为通用的解决方案,这就是设计模式的由来与发展。

踏着前人的足迹,我们以各种生动的实例切入主题,并基于设计模式进行了大量的代码实战,一步一步直到解决问题,在不知不觉中已经完成了 23 种设计模式的学习。通过回顾与总结,我们会发现这些模式之间多多少少有一些相似之处,或为变体进化,或是升级增强,稍做修改就能应用于不同的场景,但不管如何变化,其实都是围绕着"设计原则"这个内核展开。正如功夫修炼一般,万变不离其宗,无论"套路"(设计模式)如何发展、演变,都离不开对"内功"(设计原则)的依赖,要做到"内外兼修",我们就必须掌握软件设计的基本原则。

设计模式是以语言特性(面向对象三大特性)为"硬件基础",再加上软件设计原则的"灵魂"而总结出的一系列软件模式。一般地,这些"灵魂"原则可被归纳为5 种,分别是单一职责原则、开闭原则、里氏替换原则、接口隔离原则和依赖倒置原则,它们通常被合起来简称为"S.O.L.I.D"原则,也是最为流行的一套面向对象软件设计法则。最后我们再附加上迪米特法则,简称"LoD"。接下来我们将依次研究这六大原则。

25.1 单一职责

我们知道,一套功能完备的软件系统可能是非常复杂的。既然要利用好面向对象的思想,那么对一个大系统的拆分、模块化是不可或缺的软件设计步骤。面向对象以"类"来划分模块边界,再以"方法"来分隔其功能。我们可以将某业务功能划归到一个类中,也可以拆分为几个类分别实现,但是不管对其负责的业务范围大小做怎样的权衡与调整,这个类的角色职责应该是单一的,或者其方法所完成的功能也应该是单一的。总之,不是自己分内之事绝不该负责,这就是单一职责原则(Single Responsibility Principle)。

举个简单的例子,鞋子是用来穿的,其主要意义就是为人的脚部提供保护、保暖的功能;电话的功能是用来通话的,保证人们可以远程通信。鞋子与电话完全是两类东西,它们应该各司其职。然而有人为了省事可能会把这两个类合并为一个类,变成一只能打电话的鞋子,这就造成了图 25-1 所示的尴尬场景,打电话时要脱掉鞋子,打完电话再穿回去。这时我们就可以下结论,既能当鞋又能当电话的设计是违反单一职责原则的。

再举个深入一些的例子。灯泡是用来照明的，我们可以定义一个灯泡类并包含"功率"等属性，以及"通电"和"断电"两个功能方法。在一对大括号"{}"的包裹下划分出类模块的边界，这便是对灯泡类的封装，与外界划清了界限。虽然说我的领域我做主，但绝不可肆意妄为地对其功能进行增强，比如客户要求这个灯泡可以闪烁产生霓虹灯效果，我们该怎样实现呢？直接在灯泡类里封装一堆逻辑电路控制其闪烁，如新加一个 flash() 方法，并不停调用通电方法与断电方法。这显然是错误的，灯泡就是灯泡，它只能亮和灭，闪烁不是灯泡的职责。既然已经分门别类，就不要不

图 25-1　不伦不类的产品设计

伦不类。所以我们需要把闪烁控制电路独立出来，灯泡与闪烁之间的通信应该通过接口去实现，从而划清界限，各司其职，这样类封装才变得有意义。

单一职责原则由罗伯特 • C. 马丁（Robert C. Martin）提出，其中规定对任何类的修改只能有一个原因。例如之前的例子灯泡类，它的职责就是照明，那么对其进行的修改只能有与"照明功能"相关这样一个原因，否则不予考虑，这样才能确保类职责的单一性原则。同时，类与类之间虽有着明确的职责划分，但又一起合作完成任务，它们保持着一种"对立且统一"的辩证关系。以最典型的"责任链模式"为例，其环环相扣的每个节点都"各扫门前雪"，这种清晰的职责范围划分就是单一职责原则的最佳实践。符合单一职责原则的设计能使类具备"高内聚性"，让单个模块变得"简单""易懂"，如此才能增强代码的可读性与可复用性，并提高系统的易维护性与易测试性。

25.2　开闭原则

开闭原则（Open/Closed Principle），乍一听来不知所云，其实它是简化命名，其中"开"指的是对扩展开放，而"闭"则指的是对修改关闭。简单来讲就是不要修改已有的代码，而要去编写新的代码。这对于已经上线并运行稳定的软件项目尤为重要。修改代码的代价是巨大的，小小一个修改有可能会造成整个系统瘫痪，因为其可能会波及的地方是不可预知的，这给测试工作也带来了很大的挑战。

举个例子，我们设计了一个集成度很高的计算机主板，各种部件如 CPU、内存、

硬盘一应俱全，该有的都已集成了，大而全的设计看似不需要再进行扩展了。然而当用户需要安装一个摄像头的时候，我们不得不拆开机箱对内部电路进行二次修改，并加装摄像头。在满足用户的各种需求后，主板会被修改得面目全非，各种导线焊点杂乱无章，如图 25-2 所示，"大而全"的模块堆叠让主板变得臃肿不堪，这就违反了开闭原则。

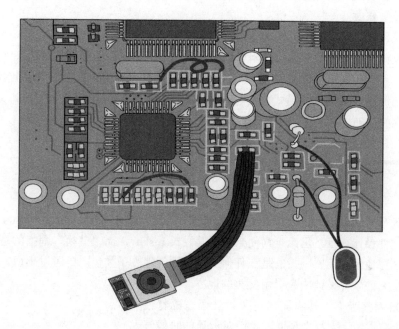

图25-2　反复修改的电路

经过反思，我们会后悔当初设计主板的时候为什么不预留好接口，不然用户就能自由地扩展外设了，想用什么就接入什么，如用户可以购入摄像头、U 盘等外设并插入主板的 USB 接口，而主板则被封装于机箱中，不再需要做任何更改，这便是对扩展的开放，以及对修改的关闭。

再来看一个绘画的例子。我们定义一个画笔类，并加上一个很简单的绘画方法 draw()。这时由于业务扩展，画家接到了彩图的订单，这时我们决定修改这个画笔类的绘画方法 draw()，接受颜色参数并加入判断逻辑以切换颜色，这让画笔类看起来非常丰满，功能非常强大，让画家觉得很满意。然而，当后期又需要水彩、水墨、油画等颜料效果时，我们要不断地对画笔类进行代码修改，大量的逻辑代码会堆积在这个类中，混乱不堪。造成这种情况必然是软件设计的问题。我们对违反开闭原则的画笔类重新审视，由于绘画方法 draw() 是一直在扩展、多变的，因此我们不能将其硬编码，而应抽象化绘画行为接口 draw()。画笔类的抽象化或接口化使其不必操心具体的绘画行为，因为这些都可以交给子类实现完成，如黑色蜡笔、红色铅笔，或是毛笔、油画笔等。如此一来，高层抽象与底层实现的结构体系便建立起来了，若后期再需要进行扩展，那么去添加新类并继承高层抽象即可，各种画笔保持各自的绘画特性，那么画出来的笔触效果就会各有不同。所以说符合开闭原则的设计，一定要通过抽象去实现，高层抽象的泛化保证了底层实现的多态化扩展，而不需要对现有系统做反复修改。

当系统升级时，如果为了增强系统功能而需要进行大量的代码修改，则说明这个系统的设计是失败的，是违反开闭原则的。反之，对系统的扩展应该只需添加新的软件模块，系统模式一旦确立就不再修改现有代码，这才是符合开闭原则的优雅设计。其实开闭原则在各种设计模式中都有体现，对抽象的大量运用奠定了系统可复用性、可扩展性的基础，也增加了系统的稳定性。

25.3 里氏替换

里氏替换原则（Liskov Substitution Principle）是由芭芭拉·利斯科夫（Barbara Liskov）提出的软件设计规范，里氏一词便来源于其姓氏 Liskov，而"替换"则指的是父类与子类的可替换性。此原则指的是在任何父类出现的地方子类也一定可以出现，也就是说一个优秀的软件设计中有引用父类的地方，一定也可以替换为其子类。其实面向对象设计语言的特性"继承与多态"正是为此而生。我们在设计的时候一定要充分利用这一特性，写框架代码的时候要面向接口编程，而不是深入到具体子类中去，这样才能保证子类多态替换的可能性。

假设我们定义一个"禽类"，给它加一个飞翔方法 fly()，我们就可以自由地继承禽类衍生出各种鸟儿，并轻松自如地调用其飞翔方法。如果某天需要鸵鸟加入禽类的行列，鸵鸟可以继承禽类，这没有任何问题，但鸵鸟不会飞，那么飞翔方法 fly() 就显得多余了，而且在所有禽类出现的地方无法用鸵鸟进行替换，这便违反了里氏替换原则。如图 25-3 所示，不是所有禽类都能飞，也不是所有兽类都只能走。

经过反思，我们意识到最初的设计是有问题的，因为"禽类"与"飞翔"并无必然关系，所以对于

图 25-3　不会飞的禽类

禽类不应该定义飞翔方法 fly()。接着，我们对高层抽象进行重构，把禽类的飞翔方法 fly() 抽离出去并单独定义一个飞翔接口 Flyable，对于有飞翔能力的鸟儿可以继承禽类并同时实现飞翔接口，而对于鸵鸟则依然继承禽类，但不用去实现飞翔接口。再比如蝙蝠不是鸟儿但可以飞，那么它应该继承自兽类，并实现飞翔接口。这样一来，是否是鸟儿取决于是否继承自禽类，而能不能飞要取决于是否实现了飞翔接口。所有禽类出现的地方我们都可以用子类进行替换，所有飞翔接口出现的地方则可以被替换为其实现，如蝙蝠、蜜蜂，甚至是飞机。所以优秀的软件设计一定要有合理的定义与规划，这样才能容许软件可扩展，使任何子类实现都能在其高层抽象的定义范围内自由替换，且不引发任何系统问题。

我们讲过的策略模式就是很好的例子。例如我们要使用计算机进行文档录入，计算机会依赖抽象 USB 接口去读取数据，至于具体接入什么录入设备，计算机不必关心，可以是手动键盘录入，也可以是扫描仪录入图像，只要是兼容 USB 接口的设备就可以对接。这便实现了多种 USB 设备的里氏替换，让系统功能模块可以灵活替换，功能无限扩展，这种可替换、可延伸的软件系统才是有灵魂的设计。

25.4　接口隔离

接口隔离原则（Interface Segregation Principle）指的是对高层接口的独立、分化，客户端对类的依赖基于最小接口，而不依赖不需要的接口。简单来说，就是切勿将接口定义成全能型的，否则实现类就必须神通广大，这样便丧失了子类实现的灵活性，降低了系统的向下兼容性。反之，定义接口的时候应该尽量拆分成较小的粒度，往往一个接口只对应一个职能。

假设现在我们需要定义一个动物类的高层接口，为了区别于植物，动物一定是能够移动的，并且是能够发声的，我们决定定义一个动物接口并包含"移动"与"发声"两个接口方法。于是，动物们都纷纷沿用这个动物接口并实现这两个方法，例如猫咪上蹿下跳并且喵喵地叫；狗来回跑并且汪汪地叫；鸟儿在天上飞并且叽叽喳喳地叫。这一切看似合理，但兔子蹦蹦跳跳可是一般不发声，最后不得不加个哑巴似的空方法实现。如图 25-4 所示，兔子从外部看来确实长着嘴巴但不能发声，如此实现毫无意义。

显然，问题出在高层接口的设计上。"动物"接口定义的行为过于宽泛，它们应该被拆分开来，独立为"可移动的"与"可发声的"两个接口。此时兔子便可以只实现可移动接口了，而猫咪则可以同时实现这两个接口，或者干脆实现两个接口合起来的"又可移动又可发声"的全新子接口，如此细分的接口设计便能让子类达到灵活匹配的目的。

图 25-4 不会发声的兔子

接口隔离原则要求我们对接口尽可能地细粒度化,拆分开的接口总比整合的接口灵活,例如我们常用的 Runnable 接口,它只要求实现类完成 run() 方法,而不会把不相干的行为牵扯进来。其实接口隔离原则与单一职责原则如出一辙,只不过前者是对高层行为能力的一种单一职责规范,这非常好理解,分开的容易合起来,但合起来的就不容易分开了。接口隔离原则能很好地避免了过度且臃肿的接口设计,轻量化的接口不会造成对实现类的污染,使系统模块的组装变得更加灵活。

25.5 依赖倒置

我们知道,面向对象中的依赖是类与类之间的一种关系,如 H(高层)类要调用 L(底层)类的方法,我们就说 H 类依赖 L 类。依赖倒置原则(Dependency Inversion Principle)指高层模块不依赖底层模块,也就是说高层模块只依赖上层抽象,而不直接依赖具体的底层实现,从而达到降低耦合的目的。如上面提到的 H 与 L 的依赖关系必然会导致它们的强耦合,也许 L 任何细枝末节的变动都可能影响 H,这是一种非常死板的设计。而依赖倒置的做法则是反其道而行,我们可以创建 L 的上层抽象 A,然后 H 即可通过抽象 A 间接地访问 L,那么高层 H 不再依赖底层 L,而只依赖上层抽象 A。这样一来系统会变得更加松散,这也印证了我们在"里氏替换原则"中所提到的"面向接口编程",以达到替换底层实现的目的。

举个例子,公司总经理制订了下一年度的目标与计划,为了提高办公效率,总经理决定年底要上线一套全新的办公自动化软件。那么总经理作为发起方该如何实施这个计划呢?直接发动基层程序员并调用他们的研发方法吗?我想世界上没有以这种方式管理公司的领导吧。公司高层一定会发动 IT 部门的上层抽象去执行,如图 25-5 所示,调用 IT 部门经理的 work 方法并传入目标即可，至于这个 work 方法的具体实现者也许是架构师甲，也可能是程序员乙，总经理也许根本不认识他们，这就达到了公司高层与底层员工实现解耦的目的。这就是将"高层依赖底层"倒置为"底层依赖高层"的好处。

图 25-5　IT 部门组织架构

我们在做开发的时候，常常会从高层向底层编写代码，例如编写业务逻辑层的时候我们不必过度关心数据源的类型，如文件或数据库，MySQL 或 Oracle，这些问题对处于高层的业务逻辑来说毫无意义。我们要做的只是简单地调用数据访问层接口，而其接口实现可以暂且不写，若是要单元测试则可以写一个简单的模拟实现类，甚至可以并行开发，交给其他同事去实现。这一切的前提是必须定义良好的上层抽象及接口规范，因为实现底层的时候必须依赖上层的标准，传统观念上的依赖方向被反转，高层业务逻辑与底层数据访问彻底解耦，这便是依赖倒置原则的意义所在。

25.6　迪米特法则

迪米特法则（law of Demeter）也被称为最少知识原则，它提出一个模块对其他模块应该知之甚少，或者说模块之间应该彼此保持陌生，甚至意识不到对方的存在，以此最小化、简单化模块间的通信，并达到松耦合的目的。反之，模块之间若存在过多的关联，那么一个很小的变动则可能会引发蝴蝶效应般的连锁反应，最终会波及大范围的系统变动。我们说，缺乏良好封装性的系统模块是违反迪米特法则的，牵一发动全身的设计使系统的扩展与维护变得举步维艰。

举个例子，我们买了一台游戏机，主机内部集成了非常复杂的电路及电子元件，这些对外部来说完全是不可见的，就像一个黑盒子。虽然我们看不到黑盒子的内部构造与工作原理，但它向外部开放了控制接口，让我们可以接上手柄对其进行访问，这便构成了一个完美的封装，如图 25-6 所示。

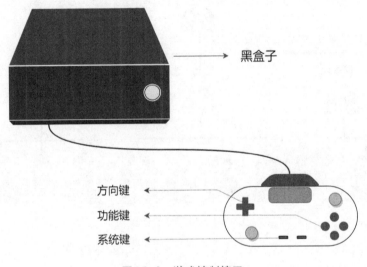

图 25-6 游戏控制接口

除了封装起来的黑盒子主机，手柄是另一个封装好的模块，它们之间的通信只是通过一根线来传递信号，至于主机内部的各种复杂逻辑，手柄一无所知。例如主机内部的磁盘载入、内存读写、CPU 指令执行等操作，手柄并非直接访问这些主机中的部件，它对主机的所有认知限制在接口所能接收的信号的范围，这便符合了迪米特法则。

之前我们学过的"门面模式"就是极好的范例。例如我们去某单位办理一项业务，来到业务大厅一脸茫然，各种填表、盖章等复杂的办理流程让人一头雾水，有可能来回折腾几个小时。假若有一个提供快速通道服务的"门面"办理窗口，那么我们只需简单地把材料递交过去就可以了，"办理人"与"门面"保持最简单的通信，对于门面里面发生的事情，办理人则知之甚少，更没有必要去亲力亲为。

要设计出符合迪米特法则的软件，切勿跨越红线，干涉他人内务。系统模块一定要最大程度地隐藏内部逻辑，大门一定要紧锁，防止陌生人随意访问，而对外只适可而止地暴露最简单的接口，让模块间的通信趋向"简单化""傻瓜化"。

25.7　设计的最高境界

在面向对象软件系统中，优秀的设计模式一定不能违反设计原则，恰当的设计模式能使软件系统的结构变得更加合理，让软件模块间的耦合度大大降低，从而提升系统的灵活性与扩展性，使我们可以在保证最小改动或者不做改动的前提下，通过增加模块的方式对系统功能进行增强。相较于简单的代码堆叠，设计模式能让系统以一种更为优雅的方式解决现实问题，并有能力应对不断扩展的需求。

随着业务需求的变动，系统设计并不是一成不变的。在设计原则的指导下，我们可以对设计模式进行适度地改造、组合，这样才能应对各种复杂的业务场景。然而，设计模式绝不可以被滥用，以免陷入"为了设计而设计"的误区，导致过度设计。例如一个相对简单的系统功能也许只需要几个类就能够实现，但设计者生搬硬套各种设计模式，拆分出几十个模块，如图25-7所示，结果适得其反，不切实际的模式堆砌反而会造成系统性能瓶颈，变成一种拖累。

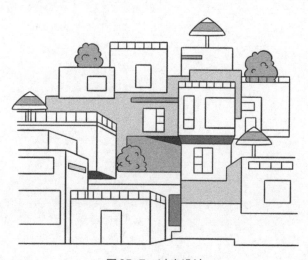

图25-7　过度设计

世界上并不存在无所不能的设计，而且任何事物都有其两面性，任何一种设计模式都有其优缺点，所以对设计模式的运用一定要适可而止，否则会使系统臃肿不堪。满足目前需求，并在未来可预估业务范围内的设计才是最合理的设计。当然，在系统不能满足需求时我们还可以做出适当的重构，这样的设计才是切合实际的。

虽然不同的设计模式是为了解决不同的问题，但它们之间有很多类似且相通的地方，即便作为"灵魂本质"的设计原则之间也有着千丝万缕的关联，它们往往是相辅相成、互相印证的，所以我们不必过分纠结，避免机械式地将它们分门别类、划清界限。在工作中，我们一定要合理地利用设计模式去解决目前以及可以预见的未来所面临的问题，并基于设计原则，不断反复思考与总结。直到有一天，我们可能会忘记这些设计模式的名字，突破了"招式"和"套路"的牵绊，最终达到一种融会贯通的状态，各种"组合拳"信手拈来、运用自如。当各种模式在我们的设计中变得"你中有我，我中有你"时，才达到了不拘泥于任何形式的境界。